1から始める
Juliaプログラミング

進藤　裕之
佐藤　建太　共著

コロナ社

まえがき

世の中は第三次人工知能（AI）ブームを迎え，ビッグデータ，データサイエンス，機械学習などのワードが世間を賑わせている。そのような背景の中，Python や MATLAB などのプログラミング言語や数値計算ソフトウェアが人気を集めており，手軽に扱えて高速に動作するプログラミング言語は，さまざまな分野で今後ますます重要性を増していくだろう。

あらゆるプログラミング言語には一長一短があり，どのプログラミング言語を選択するかは，つねに悩ましい問題である。スクリプト言語は，型を明示せず簡潔に記述できるが，場合によっては動作速度が十分でない。一方，コンパイル型の言語は型にうるさく，しばしば冗長な記述となるが，実行速度はスクリプト言語と比較して十分に速い。このようなジレンマを解消できるプログラミング言語の一つとして，近年では Julia が注目を集めている。

Julia は，アメリカのマサチューセッツ工科大学（MIT）で開発された新しいプログラミング言語で，その最大の特徴は，簡潔な文法と高速な実行速度が両立している点にある。それ以外にも，Lisp から影響を受けたと思われる多重ディスパッチやメタプログラミングなど，他のプログラミング言語にはあまりない魅力的な機能が満載である。

「Julia っていう名前を最近よく聞くけれど，どんなプログラミング言語なんだろう？」

「Python や MATLAB とどこが違うの？」

そんな声も周囲からよく聞かれるようになってきた。

そこで，本書では Julia を初めて学ぶ人のために，Julia の言語設計や基本的な文法について 1 から説明し，Julia について広く知っていただくことを第一の目的としている。また，後半では，Julia をさらに使いこなすために，主要な外部パッケージの紹介や，高速化のためのプロファイリングやコード最適化など，やや高度な内容についても解説を行っている。そのため，すでにJuliaを使用しているユーザにとっても有益な情報となることを期待している。

私が最初にJuliaに出会ったのは2012年頃で，まだバージョンは0.2であった。基本的な機能は当時から備わっていたが，新しい文法の導入や仕様の改変に積極的であり，これまでは一部の企業やアカデミアでの利用に留まってきた。しかし，ここ数年でJuliaのバージョンは1.0に到達し，多くの外部パッケージが精力的に開発され，それに伴いユーザコミュニティも大きく拡大した。Juliaを学ぶなら，まさにいまが非常によいタイミングであると思う。

本書が，Juliaについて学ぶための入門書として，また，Juliaへの一層の興味をかき立てるための一助となれば幸いである。

最後に，貴重な時間を割いて執筆に協力していただいた共著者の佐藤建太氏，Juliaに関するさまざまな情報交換をさせていただいたJuliaTokyoのメンバー，そしてこの企画を実現していただいたコロナ社の方々に深く感謝する。

2020年2月

進藤　裕之

目　　　次

1. Julia 入 門

2. Juliaの言語機能

3. Juliaライブラリの使い方

4. Juliaの高速化

1　Julia　入　門

1.1　次世代のプログラミング言語 Julia

Julia（ジュリア）は，マサチューセッツ工科大学の Alan Edelman 教授らのグループで開発された汎用プログラミング言語であり，近年，人工知能やデータサイエンス分野で大きな注目を集めている。

1.1.1　Julia　と　は

Julia の特徴を一言で表すと，「コードが簡潔で高水準な記述ができる」ことと，「プログラムの実行速度が速い」ことを両立している点にある。もう少し大袈裟な言い方をすれば，「Python のように書けて，C のように動く」のである。これは，命令型，関数型，オブジェクト指向といったさまざまなプログラミングパラダイムを取り入れた Julia の言語設計と，LLVM に基づく just-in-time（JIT）コンパイラなどによって実現されている。ほかにも，Julia には，多重ディスパッチやメタプログラミングなどの柔軟で強力な機能が備えられており，まさに時代の先端をいく次世代のプログラム言語であるといえる。

科学技術計算の分野では，古くは FORTRAN に始まり，C や C++ といった低水準な記述に基づくプログラミング言語が用いられてきた。これらは静的型付けの言語で実行速度が速いという反面，コードが冗長で複雑になりやすく，メンテナンス性はあまり高いとはいえない。

一方，近年では，Python，R，MATLAB といったプログラミング言語が人気を集めている。これらは動的型付け言語であり，簡潔で高水準なコードを書くことができるので生産性が高い反面，プログラムの実行効率について細かい調整をすることが難しく，実行速度についてはあまり多くを期待できない。

もちろん，どんなプログラミング言語も一長一短ではあるけれど，生産性と効率性を兼ね備えた理想的なプログラミング言語はないだろうか？

その答えの一つが Julia である。

Julia は動的型付けの言語であるが，型に関する豊富な機能を持ち合わせており，生産性と効率性がバランスよく両立されている。

Julia のおもな特徴をまとめると，以下のようになる。

- オプショナルな型宣言，リッチな型システム，動的型付け
- 多重ディスパッチと呼ばれる，引数の型の組合せに応じて関数の振舞いを定義できる仕組み
- just-in-time（JIT）コンパイラと LLVM バックエンドによる高速な実行
- Lisp のようなマクロやその他のメタプログラミング機能
- C などの静的型付け言語に迫る速い実行速度

Julia は，2012 年にバージョン 0.1 が発表されて以降，GitHub 上で精力的に開発が進められ，2018 年にはついにバージョン 1.0 が発表された。これまで，Julia は新しい文法の導入や仕様の改変に積極的であったため，一部の企業やアカデミアでの導入に留まってきたが，バージョン 1.0 の発表によって後方互換性の問題が解消され，これを機にますます多くのユーザや開発者が参入することが期待される。

1.1.2 本書の構成

筆者は，バージョン 0.2 のときからの Julia 愛好者であり，おもにコンピュータサイエンスの研究開発や，日常的なスクリプト言語として Julia を用いている。当時は周囲に Julia を使用している人は皆無であったが，最近ではコミュニティの成長に伴って興味を持つ人が増えており，Julia に対する認知度が日々

向上していると感じる。

本書は，そんな次世代のプログラミング言語である Julia について紹介し，その機能や魅力を広く伝えることを目的とした書籍である。前半では，おもに Julia の基本的な文法や使い方について説明し，Julia で簡単なプログラムが書けるようになることを目的としている。後半では，より実践的な内容として，標準ライブラリには含まれない数値計算やデータ可視化などのパッケージを活用したプログラミングについて説明する。

前述のように，Julia は，命令型，関数型，オブジェクト指向などのプログラミングパラダイムを取り込んだマルチパラダイム言語であり，「Python のように書けて，C のように動く」を実現する設計思想を学ぶことは，Julia の理解だけに留まらず，他のあらゆるプログラミング言語をより深く理解することにもつながるだろう。

一方で，Python のように豊富なライブラリ群を持つ言語と比較して，まだ十分に成熟していない領域が存在することも確かである。そのため，必要に応じて C や Python などの言語と連携することも必要となる。Julia には，C や Python などの言語と連携できる機能やライブラリが存在するため，それらの使い方についても説明していく。

Julia は動的型付けの言語であるため，すでに Python や Ruby などの動的型付け言語を学んだ人であれば，比較的容易に習得できるだろう。もちろん，本書は最初のプログラミング言語として Julia を選択する人にも理解できるように書かれているので，安心して読み進めてほしい。

本書は Julia の一通りの機能をカバーしているが，より詳細な機能の説明に関しては，Julia の公式ドキュメンテーション†を参照することをおすすめする。なお，本書で紹介するすべての Julia コードは，Julia のバージョン 1.2 で動作確認を行っている。

† https://docs.julialang.org/

1.1.3 なぜ Julia が必要なのか？

2012 年の Julia blog に，Julia 作者による動機がつづられているので，その和訳を紹介する†。

なぜ僕らは Julia を作ったのか

Jeff Bezanson, Stefan Karpinski, Viral B. Shah, Alan Edelman

2012 年 2 月 14 日（火）

一言でいえば，僕らは欲張りだからだ。

僕らは MATLAB のパワーユーザだ。何人かは Lisp ハッカーだし，Python 使いや Ruby 使いも，Perl ハッカーだっている。髭が生える前から Mathematica を使っていた奴もいるし，まだ髭が生えてない奴だっている。僕らは異常なほど R のプロットを作ってきたし，無人島に一つだけ持っていくなら C がいい。

これらの言語はどれも素晴らしいし強力で，みんな大好きだ。だけど，僕らがすること，科学技術計算，機械学習，データマイニング，大規模な線形代数，分散や並列計算では，どれもいくつかの点では完璧だけれど，それ以外では使い物にならない。どれもトレードオフなんだ。

僕らは欲張りだ。これじゃあ満足できない。

僕らがほしいのは，緩いライセンスのオープンソースで，C の速度と Ruby の動的さがあって，Lisp のような本当の意味でのマクロを持つ同図像性の言語で，わかりやすくて，MATLAB のように見慣れた数学の記述ができる言語だ。しかも，Python のように汎用的で，R の統計処理のように簡単で，Perl の文字列処理のように自然で，MATLAB の線形代数のように強力で，シェルのようにプログラムをくっつけるのが得意なものがほしい。学ぶのが超簡単で，超

† https://julialang.org/blog/2012/02/why-we-created-julia

慎重なハッカーも満足して，インタラクティブでコンパイルできるのがいい。

（C と同じくらい速いことが必要なのはもういった？）

やたらと注文が多いのはわかっているけれど，Hadoop のような分散コンピューティングもほしい。もちろん，何キロバイトものJava や XML の決まり文句を書きたくないし，バグを見つけるのに何百ものマシンにあるギガバイトのログファイルを調べたくない。いくつにも重なった不可解な複雑さはいらないし，単純なスカラーのループを書いたら，一つの CPU にあるレジスタを使うだけのタイトな機械語にコンパイルされてほしい。A*B と書いたら，いくつもの計算をいくつものマシンで実行して，膨大な行列積を一斉に計算してほしいんだ。

型だって必要ないなら書きたくない。でも多相な関数がいるときには，ジェネリックプログラミングでアルゴリズムを一度だけ書いて，それをすべての型に適用したい。たくさんのメソッド定義から引数の型によって最適なものを選んでくれる多重ディスパッチを使って，まったく違った型にも共通の機能を提供できるようにしたい。こんなにパワフルにもかかわらず，シンプルですっきりした言語がいい。

これって多くを望みすぎているわけじゃないよね？

僕らは言い訳ができないほど欲張りだとわかっているけれど，それでもすべてがほしいんだ。2 年半ほど前，僕らはこの欲張りな言語を作り始めた。まだ完成していないけれど，もうすぐ 1.0 のリリースのときだ。僕らの作った言語の名前は Julia。すでに僕らの無作法な要求の 90%に応えてくれているけれど，さらに形作るためには，僕ら以外の無作法な要求も必要だ。だから，もし君も僕らと同じように欲張りで，理不尽で，注文の多いプログラマーなら，これをぜひ試してみてほしいんだ。

この blog から 6 年半が経ち，この欲張りな言語 Julia は，ようやくバージョ

ン 1.0 に到達した。これまでの Julia の開発履歴は，GitHub の julia リポジトリからたどることができるので，興味のある人はぜひチェックしてみてほしい。

1.2 インストール

では早速 Julia をインストールしてみよう。

Julia のダウンロードページ†から，ユーザの環境（Windows, macOS, Linux, FreeBSD）に合ったバイナリファイルをダウンロードすることができる（図 **1.1**）。

julia Download Documentation Blog Community Learning Research JSoC Donate

Download Julia

If you like Julia, please consider starring us on GitHub and spreading the word! Also do consider donating to the Julia project.

Star 23,639

We provide several ways for you to run Julia:

- In the terminal using the built-in Julia command line.
- In the browser on JuliaBox.com with Jupyter notebooks. No installation is required -- just point your browser there, login and start computing.
- Using Docker images from Docker Hub maintained by the Docker Community.
- JuliaPro by Julia Computing includes Julia and the Juno IDE, along with access to a curated set of packages for plotting, optimization, machine learning, databases and much more (requires registration).

Please see platform specific instructions for further installation instructions and if you have trouble installing Julia. If the provided download files do not work for you, please file an issue in the Julia project. Different OSes and architectures have varying tiers of support, and are listed at the bottom of this page.

Current stable release: v1.2.0 (Aug 20, 2019)

Checksums for this release are available in both MD5 and SHA256 formats.

Windows (.exe) [help]	32-bit		64-bit
	Windows 7/Windows Server 2012 users also require Windows Management Framework 3.0 or later. It is recommended that users on these legacy Windows systems install and use a terminal besides `cmd.exe` since the default terminal application has known issues which affect its usability with Julia and other libuv-based cross-platform software.		
macOS 10.8+ (.dmg) [help]			64-bit
Generic Linux Binaries for x86 [help]	32-bit (GPG)		64-bit (GPG)
Generic Linux Binaries for ARM [help]	32-bit (ARMv7-a hard float) (GPG)		64-bit (AArch64) (GPG)
Generic FreeBSD Binaries for x86 [help]			64-bit (GPG)
Source	Tarball (GPG)	Tarball with dependencies (GPG)	GitHub

図 **1.1** Julia のダウンロード画面

† https://julialang.org/downloads/

Windows と Linux 環境では，32 ビットと 64 ビット環境でバイナリファイルが分かれているので，自分の環境に合ったものをダウンロードしよう。本書執筆時点では，Julia v1.2.0 が最新版であるため，以降は Julia v1.2.0 で話を進める。

Windows10 の 64 ビット環境では，ダウンロードした julia-1.2.0-win64.exe をクリックすると，**図 1.2** のようなインストール画面が立ち上がるので，Next ボタンをクリックしてつぎへ進む。そして，インストールするパスを指定する。デフォルトでは，C:\Users\<ユーザー名>\AppData\Local\Julia-1.2.0 が指定されるが，通常はこのままで問題ない。インストールするパスを指定して Install ボタンをクリックしたら，あとは手順に沿ってインストールを完了しよう。

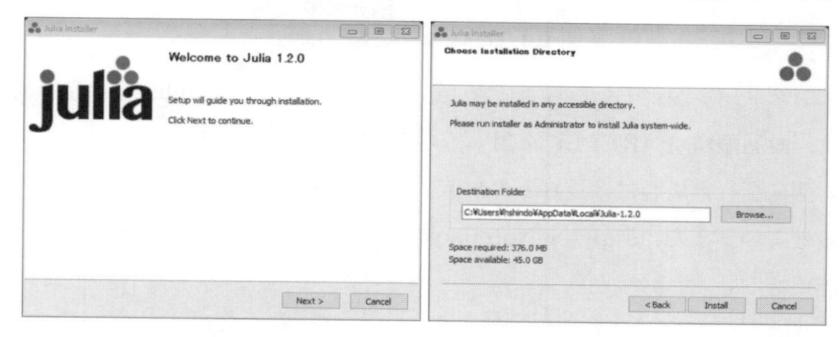

図 1.2　Windows での Julia インストール画面

インストールが完了したら，つぎに C:\Users\<ユーザー名>\AppData\Local\Julia-1.2.0\bin を環境変数に追加する必要がある。コントロールパネルから，「環境変数を編集」を検索し，ユーザー環境変数の中にある Path を選択して編集ボタンをクリックする（**図 1.3**）。そして，環境変数の値として C:\Users\<ユーザー名>\AppData\Local\Julia-1.2.0\bin を追加しよう。

macOS, Linux の場合も Windows と同様に，バイナリファイルをインストールして，julia へのパスを環境変数に追加する。

バイナリファイルではなく，Julia をソースからコンパイルしたい場合は，GitHub の julia リポジトリ†に詳細な手順が記述されているので，そちらを参照してほしい。

† https://github.com/JuliaLang/julia

図 **1.3**　Julia の環境変数の設定

インストールが完了したら，早速 Julia を使ってみよう。Julia を手軽に試すには，対話型環境（REPL）を用いるのが便利である。一方，本格的にプログラム開発を行う場合には，好みのエディタあるいは統合開発環境（IDE）を用いるとよい。また，Jupyter Notebook でも Julia を用いたプログラミングが可能である。

1.2.1　REPL

まず，Julia の対話型環境である REPL について説明する。REPL を起動するには，コマンドラインに `julia` と入力して，`julia.exe` を実行すればよい。すると，以下のような画面が表示される。

```
$ julia

   _       _ _(_)_     |  Documentation: https://docs.julialang.org
  (_)     | (_) (_)    |
   _ _   _| |_  __ _   |  Type "?" for help, "]?" for Pkg help.
  | | | | | | |/ _` |  |
  | | |_| | | | (_| |  |  Version 1.2.0 (2019-08-20)
 _/ |\__'_|_|_|\__'_|  |  Official https://julialang.org/ release
|__/                   |

julia>
```

REPLを終了するには，Ctrl+Dを押すか，`exit()`と入力してEnterを押すと終了する。REPL上で，`julia>` に続いてプログラムコードを入力してEnterを押すと，プログラムコードの評価が行われる。例えば，単純な加算を実行するには，以下のようにすればよい。

```
julia> 1 + 2⏎
3
```

REPLでは，直近の評価結果が`ans`という特殊な変数に格納される。`ans`の値を確認するには，以下のように`ans`と入力して実行すればよい。

```
julia> ans
3
```

JuliaのREPLには，Juliaモード，ヘルプモード，パッケージモード，シェルモード，サーチモードという五つのモードがある。ここでは，よく用いるJuliaモード，ヘルプモード，パッケージモードについて説明する。それ以外のモードについては，公式ドキュメンテーションを参照してほしい。

（1） Juliaモード　Juliaモードとは，通常の`julia>` と表示されているモードのことで，REPLのデフォルトのモードである。Juliaモードでは，入力したコードが評価されて，結果が表示される。

（2） ヘルプモード　`julia>` の状態で`?`を入力すると，`help?>` と表示が変更される。これがヘルプモードの状態である。ヘルプモードでは，例えば以下のように`+`と入力してEnterを押すと，`+`についてのヘルプを参照できる。

```
julia> ?

help?> +
search: +

  +(x, y...)

  Addition operator. x+y+z+... calls this function with all arguments, i.e. +(x, y, z, ...).

  Examples
  ==========

  julia> 1 + 20 + 4
```

```
  25

  julia> +(1, 20, 4)
  25
```
以下省略

ヘルプモードを終了して Julia モードへ戻るには，Backspace を押す。

（3） パッケージモード　Julia のパッケージをインストールする場合には，パッケージモードを使うと便利である。`julia>` の状態で `]` を入力すると，`(v1.2) pkg>` と表示が変更される。これがパッケージモードの状態である。

パッケージモードでは，例えば `add Example` と入力して Enter を押すと，Example.jl パッケージをインターネットから取得してインストールすることができる。

標準では，GitHub の General リポジトリ†に登録されているパッケージがインストール可能である。また，プライベートで開発しているパッケージなどをインストールしたり，自作のパッケージを General リポジトリへ登録することもできる。詳細は 2.11 節で説明する。

実際に Example.jl パッケージをインストールすると，以下のようになる。

```
julia> ]

(v1.2) pkg> add Example
  Updating registry at `C:\Users\hshindo\.julia\registries\General`
  Updating git-repo `https://github.com/JuliaRegistries/General.git`
 Resolving package versions...
 Installed Example ─ v0.5.3
  Updating `C:\Users\hshindo\.julia\environments\v1.2\Project.toml`
  [7876af07] + Example v0.5.3
  Updating `C:\Users\hshindo\.julia\environments\v1.2\Manifest.toml`
  [7876af07] + Example v0.5.3
```

1.2.2 Jupyter Notebook

Julia のコードやメモなどを保存したり，他人と共有したい場合には，Jupyter

† https://github.com/JuliaRegistries/General

Notebook を使うと便利である。Jupyter Notebook は，ウェブブラウザで動作するプログラムの対話型実行環境で，Julia，Python，R，Ruby などの言語に対応している。Jupyter Notebook では，ノートブックと呼ばれるドキュメントを作成し，その中でプログラムの記述と実行，メモの作成，保存と共有などを行うことができる。

Jupyter Notebook で Julia を使うためには，IJulia.jl というパッケージをインストールする必要がある。以下のように，パッケージモードから IJulia.jl をインストールする。

```
julia> ]

(v1.2) pkg> add IJulia
  Updating registry at `C:\Users\hshindo\.julia\registries\General`
  Updating git-repo `https://github.com/JuliaRegistries/General.git`
 Resolving package versions...

# 以下，依存パッケージがインストールされる。
```

インストールが完了したら，Backspace を押して Julia モードに戻り，以下のように IJulia.jl を実行する。

```
julia> using IJulia

julia> notebook()
# 初回は依存ライブラリがインストールされる。
```

図 1.4 のような画面がブラウザ上に立ち上がったらインストールは成功している。Jupyter Notebook の使い方については，公式ページ[†1]あるいは IJulia.jl パッケージの GitHub ページ[†2]を参照してほしい。

1.2.3 エディタとIDE

本格的にプログラム開発を行う場合は，エディタや統合開発環境（IDE）を用いるのがよい。Atom，Visual Studio Code，Vim，Sublime Text，Emacs などのエディタや IDE では，Julia 用のプラグインが提供されているので，シン

†1 https://jupyter.org/
†2 https://github.com/JuliaLang/IJulia.jl

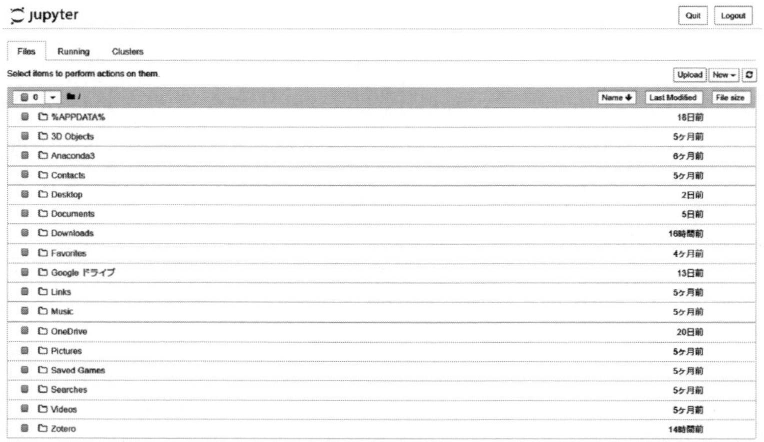

図 1.4　Jupyter Notebook

タックスハイライトなどの機能を利用することができる。詳細は，GitHub の JuliaEditorSupport ページ[†1]にまとめられているので，そちらを参照してほしい。

それぞれのインストール方法や使い方は上記のページに譲るとして，ここでは筆者が使用している Atom と Juno による開発環境構築について紹介する。

Atom は，GitHub が開発したオープンソースのテキストエディタで，さまざまなプログラミング言語用のプラグインが提供されている。Atom に uber-juno[†2]という Julia 言語用のプラグインを追加することで，Juno という開発環境をインストールすることができ，Julia のシンタックスハイライトや，Atom エディタ上で Julia コードの実行を行うことができる。

Atom のインストールは，Atom 公式ページ[†3]からバイナリファイルがダウンロードできる。Atom のインストールが完了したら，Atom の Settings ページの中にある +Install タブを開こう。Atom の Settings メニューは，Windows では File メニューの中にある。Linux では，Edit メニューの Preferences をクリックすると Settings ページが開く。

[†1] `https://github.com/JuliaEditorSupport`
[†2] `https://github.com/JunoLab/uber-juno`
[†3] `https://atom.io/`

つぎに，**図 1.5** のように，uber-juno パッケージを検索して，Install ボタンをクリックするとインストールが始まる。

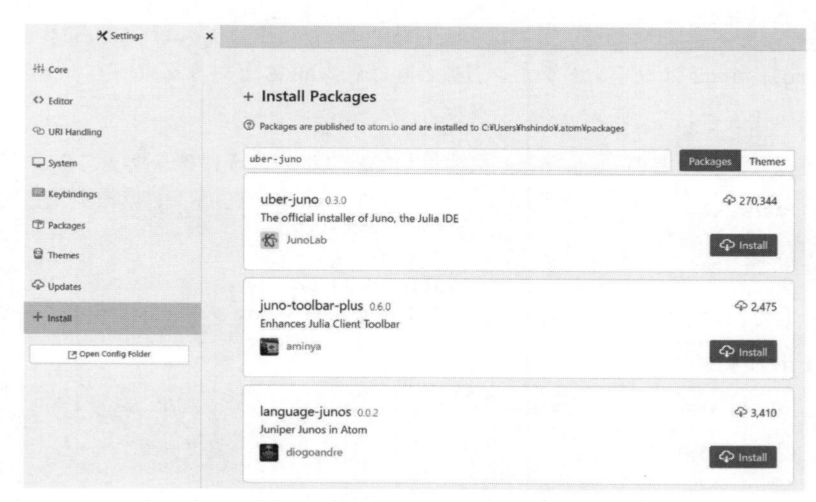

図 1.5　Atom エディタでの uber-juno パッケージのインストール

インストールが完了すると，Atom エディタに julia というメニューが追加される。julia メニューの中にある Open Console をクリックすると，Julia のコンソール画面を開くことができ，REPL を立ち上げることができる。

Juno では，`.jl` の拡張子を持つファイルは Julia のファイルであると認識され，シンタックスハイライトが行われる。試しに，`sample.jl` というファイルを Atom で作成してみよう。そして，例えば，`sample.jl` に `1 + 1` と入力して Ctrl+Enter を押すと，**図 1.6** のように `2` と実行結果が表示される。

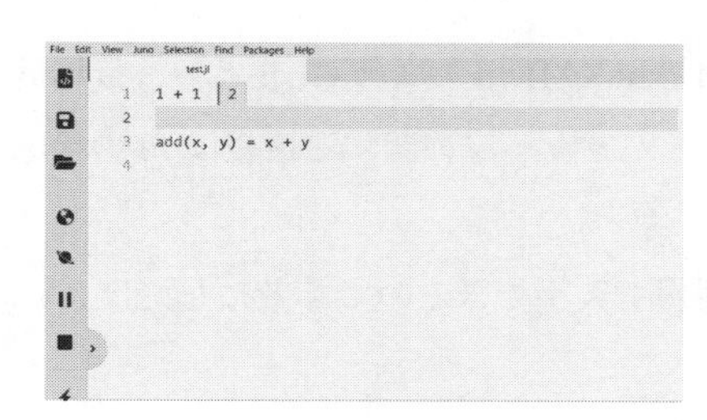

図 1.6　Atom と Juno による Julia コードの実行

コマンドラインやシェルから Julia ファイルを実行するには，以下のようにする。

```
$ julia sample.jl arg1 arg2...
```

`arg1`，`arg2` はコマンドライン引数と呼ばれ，`ARGS` というグローバル変数の配列へ代入される。

例えば，先ほどの `sample.jl` を編集して，以下のように書き換えてみよう。

```
# sample.jl
println(ARGS[1])
println(ARGS[2])
```

そして，以下のように `sample.jl` を実行すると，コマンドライン引数をそのまま出力する。

```
$ julia sample.jl "Hello" 1
Hello
1
```

Julia では，配列のインデックスは 1 から始まるので，先頭のコマンドライン引数を取得するには `ARGS[1]` となることに注意しよう。

1.3 Julia の 情 報

Julia に関する情報は，Google などの検索サイトを通じて入手することができる。Julia について検索するときは，「JuliaLang」というキーワードで検索するのがよい。そうでないと，例えば人名の Julia についての検索結果が含まれてしまうので注意しよう。

また，Julia のパッケージ名は，LightXML.jl のように .jl という接尾辞を付けることになっている。したがって，パッケージに関する情報は .jl の接尾辞を付けて検索するとよい。

その他，以下で Julia に関する情報を入手できるので参考にしてほしい。

1.3.1 Julia 公式ページ

Juliaの公式ページ[†1]には，Juliaの紹介と，Juliaに関するさまざまな情報へのリンクが載せられている。例えば，Juliaの公式ドキュメンテーション，ブログ，学習教材などがあるので，ぜひチェックしてみよう。

Juliaの使い方に関しては，まず本書で全体像をつかんだ後，公式ドキュメンテーションで詳細を確認することをおすすめする。公式ドキュメンテーションには，本書で触れるJuliaの基本的な使い方のほかにも，標準ライブラリで用意されている関数へのリファレンスから，開発者向けの内部情報まで網羅されており，非常に充実している。基本的にすべて英語であるが，一次情報を直接得られるメリットは大きいので，ぜひ活用しよう。

また，公式ドキュメンテーションのほかにも，Juliaに関するビデオや書籍などのリンクも掲載されているので，Juliaについて発展的な内容を学習したい人はぜひチェックしてみてほしい。

1.3.2 Julia のソースコード

Julia言語自体の開発は，GitHubのjuliaリポジトリ[†2]で行われている。こちらはだれでも閲覧可能で，バグ報告や今後の機能追加・修正に関する議論がIssuesで管理されている。Juliaの開発状況が知りたい場合や，インストールに関するトラブルなどについては，ぜひGitHubリポジトリをチェックしてみよう。

1.3.3 Julia Discourse

Juliaに関するユーザのさまざまな議論は，オープンソースの議論型掲示板であるDiscourseを利用して行われている。Julia Discourse[†3]では，トピックごとにスレッドがカテゴリ分けされており，例えばJuliaの使い方に関する質問，

†1 `https://julialang.org/`
†2 `https://github.com/JuliaLang/julia`
†3 `https://discourse.julialang.org/`

新しいパッケージの紹介，将来の新機能に関する質問など，さまざまなカテゴリごとにコミュニティベースで活発に議論が行われている。こちらも基本的にすべて英語でのやり取りとなるが，ぜひ積極的に参加して Julia コミュニティの一員となってみよう。

1.3.4 JuliaCon

2014 年から毎年夏頃に，JuliaCon[†1] という Julia の国際ワークショップが開催されている。JuliaCon では，招待講演，データサイエンス関連のさまざまなセッション，ライトニングトークなどが企画されており，Julia の利用事例を知ることや世界中の Julia ユーザと直接会って話ができる絶好の機会である。過去の発表内容は動画で視聴することができるので，内容を確認したい場合は，JuliaCon のウェブページからチェックしてみよう。ちなみに，2019 年の JuliaCon は，7 月にアメリカのボルチモアで開催された。

1.3.5 JuliaTokyo

Julia の日本コミュニティとして，JuliaTokyo[†2] がある。これまでに 10 回のミートアップを東京で行っており，Julia のユースケースやパッケージの紹介など，Julia に関するさまざまな内容が聞ける人気イベントである。Julia を使い始めたばかりの初心者でも十分に楽しめる内容になっているので，ぜひ積極的に参加してほしい。

[†1] https://juliacon.org/
[†2] http://julia.tokyo/

2 Juliaの言語機能

2.1 Julia の 基 本

では，早速 Julia の基本について学んでいこう。Julia の基本的な機能の多くは，動的プログラミング言語全般に共通するものであり，Python や Ruby を経験したことがあれば，多少の文法の違いを理解するだけで容易に習得できるだろう。そうではない場合でも，本書で一通り Julia の基本的な使い方を習得できるように構成されているので安心してほしい。

2.1.1 変　　　数

変数の宣言と値の代入は，以下のように行う。

```
julia> x = 1
1

julia> y = 2.0
2.0
```

Julia の REPL では，最後に評価された表現は以下のように ans という特殊な変数に代入される。

```
julia> x = 1
1

julia> ans
1
```

また，変数の前に数値を付けると，以下のように暗黙的に乗算を表す。

```
julia> 2x + 1
3

julia> 2(x-3)^2 - 3(x-2) + 1
12
```

さらに，変数名には以下のようにUnicodeを使うことができる。

```
julia> θ = pi / 4
0.7853981633974483

julia> sin(θ) + cos(θ)
1.414213562373095
```

このように，Juliaは数式の表記と近い形でプログラムを書くことができるので，コードを読みやすく，メンテナンスしやすい状態に保つことができる。その反面，やみくもにUnicodeを変数名に使ってしまうと，かえってコードが読みにくくなってしまうので注意が必要である。

2.1.2　プリミティブ型

つぎに，Juliaのプリミティブ型について説明する。Juliaでは，他の動的プログラム言語と同様に，変数の宣言時に型を明示する必要はないが，すべての値には型があり，`typeof`関数で確認することができる。

```
julia> typeof(1)
Int64

julia> typeof(0.5)
Float64
```

このようにそれぞれ，`Int64`型と`Float64`型であることが確認できる。

Juliaのプリミティブ型として，以下が標準で用意されている。

- `Int8`
- `UInt8`
- `Int16`
- `UInt16`
- `Int32`
- `UInt32`
- `Int64`
- `UInt64`
- `Int128`
- `UInt128`
- `Bool`
- `Float16`

- Float32
- Float64

Int8 は 8 ビットの符号付き整数型，UInt8 は 8 ビットの符号なし整数型である。同様に，Int16，Int32，Int64，Int128 はそれぞれ 16 ビット，32 ビット，64 ビット，128 ビットの符号付き整数型であり，UInt は符号なし整数型である。Bool はブーリアン型を表し，true または false の二値を取る。Float16，Float32，Float64 は，それぞれ 16 ビット，32 ビット，64 ビットの浮動小数点数型である。

また，Int，UInt 型が定義されており，システムのデフォルトの整数型を表す。32 ビット環境では，Int，UInt 型は，それぞれ Int32 型と UInt32 型のエイリアスであり，64 ビット環境では Int64 型と UInt64 型となる。これらは，以下のようにして確かめることができる。

```
# 32 ビット環境の場合
julia> Sys.WORD_SIZE
32

julia> Int
Int32

julia> UInt
UInt32

# 64 ビット環境の場合
julia> Sys.WORD_SIZE
64

julia> Int
Int64

julia> UInt
UInt64
```

符号なし整数型は，0x というプレフィックスの後に，16 進数の数字（0 から 9 および a から f）を付けて表し，その具体的な型は，以下のように数字の桁数によって自動的に決定される。

```
julia> 0x1
```

```
0x01

julia> typeof(ans)
UInt8

julia> 0x123
0x0123

julia> typeof(ans)
UInt16

julia> 0x1234567
0x01234567

julia> typeof(ans)
UInt32

julia> 0x123456789abcdef
0x0123456789abcdef

julia> typeof(ans)
UInt64
```

浮動小数点数は，通常の`1.0`や`0.5`は`Float64`型として解釈される。`Float32`型は，以下の`0.5f0`のように`f0`や`f-4`といったサフィックスを付けて表す。

```
julia> typeof(1.0)
Float64

julia> typeof(0.5f0)
Float32

julia> 2.5f-4
0.00025f0

julia> typeof(ans)
Float32
```

ほかにも，Juliaには数値を表現するためのプレフィックスやサフィックスが用意されているので，詳細は公式ドキュメントを参照してほしい。

浮動小数点数に関しては，正の無限大の値として，16ビットが`Inf16`，32ビットが`Inf32`，64ビットが`Inf`で定義されている。負の無限大は，それぞれ

-Inf16，-Inf32，-Inf である。また，0/0 の計算結果のように数字でない浮動小数点数を表すために，NaN16，NaN32，NaN が定義されている。

2.1.3 任意精度演算

Julia では，任意精度演算が標準でサポートされている。具体的には，BigInt 型が任意精度整数を表す型で，BigFloat 型が任意精度浮動小数を表す型である。以下に例を示す。

```
julia> x = 1234567890123456789012345678901234567890
1234567890123456789012345678901234567890

julia> x + x
2469135780246913578024691357802469135780

julia> typeof(ans)
BigInt
```

2.1.4 定　　数

定数は以下のように宣言する。

```
julia> const x = 1.0
1.0

julia> x = 1
ERROR: invalid redefinition of constant x
```

定数は，その名のとおり後から値を変更することができない。

Julia では，以下のようにいくつかの定数があらかじめ定義されている。

```
julia> pi
π = 3.1415926535897...

julia> VERSION
v"1.2.0"
```

2.1.5 基本的な演算子

Julia の算術演算やビット演算は，他のプログラミング言語とおおむね同じで

表 **2.1**　Juliaの基本的な演算子

演算子	概　要	演算子	概　要
+x	プラス	x & y	ビット and
-x	マイナス	x | y	ビット or
x + y	加　算	x ⊻ y	ビット xor
x - y	減　算	x >>> y	右論理シフト
x * y	乗　算	x >> y	右算術シフト
x / y	除　算	x << y	左論理／算術シフト
x ÷ y	除算の商	x == y	等価演算子
x \ y	y / x と同じ	x != y, x ≠ y	不等価演算子
x ^ y	べき乗	x < y	小なり演算子
x % y	除算の剰余	x <= y, x ≤ y	小なりイコール演算子
!x	否　定	x > y	大なり演算子
~x	ビット not	x >= y, x ≥ y	大なりイコール演算子

ある。基本的な演算子を**表 2.1** にまとめる。

2.1.6 更新演算子

Juliaでは，+=，-=，*=，/=，\=，÷=，%= などの更新演算子がある。例えば，以下のような x += 1 は，x = x + 1 と等価である。

```
julia> x = 1;

julia> x += 1
2
```

他の更新演算子も同様に，例えば x *= 3 は，x = x * 3 と等価である。

2.1.7 複素数

Juliaは，複素数を標準でサポートしており，im で虚数単位を表す。

```
julia> 1 + 2im
1 + 2im

julia> (1 + 2im)*(2 - 3im)
8 + 1im

julia> real(1 + 2im) # 実部
```

```
1

julia> imag(1 + 2im) # 虚部
2

julia> conj(1 + 2im) # 複素共役
1 - 2im

julia> abs(1 + 2im) # 絶対値
2.23606797749979
```

2.1.8 文 字 列

Juliaでは，文字列を表す型として`String`型，文字を表す型として`Char`型が用意されている。`String`型は，Unicode文字列をサポートしており，符号化方式としてUTF-8を採用している。したがって，日本語や中国語のようなマルチバイト文字も問題なく扱うことができる。

文字列は，ダブルクォーテーション（"）を用いて以下のように宣言する。

```
julia> s = "Hello Julia"
"Hello Julia"
```

また，以下のようにして，文字列に含まれる文字を取得できる。

```
julia> s[1]
'H': ASCII/Unicode U+0048 (category Lu: Letter, uppercase)

julia> typeof(s[1])
Char
```

`s[1]`は，文字列`s`の1番目の文字（最初の文字）を表す。Juliaでは，インデックスは1で始まり，`s[0]`はエラーとなるので注意が必要である。

上記の例では，`s`の先頭の文字`H`はASCIIで，Unicodeだと`U+0048`ということを表している。また，文字は`Char`型のオブジェクトである。

ほかにも，以下のようにして文字列の一部を取り出すことができる。

```
julia> s[end]
'a': ASCII/Unicode U+0061 (category Ll: Letter, lowercase)

julia> s[1:5]
```

```
"Hello"
```

end は，文字列の最後の要素を指すインデックスである。1:5 は，文字列の 1 から 5 文字目までを表す。

文字列の連結は以下のように行う。

```
julia> hello = "Hello";

julia> julia = "Julia";

julia> string(hello, " ", julia)
"Hello Julia"
```

あるいは，以下のように * 演算子を使うこともできる。

```
julia> hello * " " * julia
"Hello Julia"
```

もう一つの方法として，文字列の補間（string interpolation）がある。先ほどの “Hello Julia” の例は，文字列の補間を用いて以下のように書くことができる。

```
julia> "$hello $julia"
"Hello Julia"
```

このように，文字列の補間は，$ 記号の後に変数名を記述する。また，以下のようにして，コードの評価結果を文字列に埋め込むこともできる。

```
julia> "1 + 2 = $(1 + 2)"
"1 + 2 = 3"
```

文字列の補間を用いると，例えば計算結果を文字列として出力する場合などにおいて，コードを簡潔に記述することができる。

2.1.9 Unicode 文字列

日本語のようなマルチバイト文字の場合も，基本的な文字列操作はこれまでと同様である。ただし，UTF-8 は，文字を可変長で符号化するので，すべての文字が同じバイト数で表現されるわけではない。例えば，UTF-8 では，ASCII 文字は 1 バイトで符号化されるが，日本語の平仮名や漢字などの文字の多くは 3 バイトで符号化される。したがって，以下のように文字列に対して不正なインデックスでアクセスするとエラーになる。

```
julia> s = "こんにちは，Julia";

julia> s[1]
'こ': Unicode U+3053 (category Lo: Letter, other)

julia> s[2]
ERROR: StringIndexError("こんにちは，Julia", 2)
```

s[2] がエラーとなる理由は，先頭の文字である‘こ’が，内部では 3 バイトで表現されているためである。したがって，2 番目の文字のインデックスは 4 となり，以下のように s[4] が 2 文字目を表す。

```
julia> s[4]
'ん': Unicode U+3093 (category Lo: Letter, other)
```

このように，マルチバイト文字を扱う際には，文字列に対するインデックスと，実際の文字のインデックスとが一致しないことに注意が必要である。先頭文字のつぎの文字インデックスは，以下のように nextind 関数で取得できる。

```
julia> nextind(s, 1)
4

julia> nextind(s, 4)
7
```

このように，nextind 関数を用いて文字のインデックスを順番に取得することができるが，より簡便な方法として，以下のように文字列を文字の配列に変換してしまう方法もある。

```
julia> chars = Vector{Char}(s)
11-element Array{Char,1}:
'こ'
'ん'
'に'
'ち'
'は'
'，'
'J'
```

```
'u'
'l'
'i'
'a'

julia> chars[1]
'こ'

julia> chars[2]
'ん'
```

ここで，Vector{Char} は Char 型の要素を持つ 1 次元配列で，詳細は 2.6 節で説明する。このように，最初に文字列を Vector{Char} 型のオブジェクトに変換すると，n 番目の文字を chars[n] で取得できる。

2.1.10 文字列の関数

これまでに紹介した関数以外にも，文字列を扱うのに便利なさまざまな関数が標準で用意されている。そのうち，代表的なものを以下に紹介する。

```
julia> length("Julia") # 文字列の長さ
5

julia> repeat("Julia", 2) # 文字列の繰返し
"JuliaJulia"

julia> replace("Python is the best!", "Python" => "Julia") # 文字列の置換
"Julia is the best!"

julia> split("Julia-Lang", "-") # 文字列の分割
2-element Array{SubString{String},1}:
"Julia"
"Lang"

julia> startswith("JuliaLang", "Julia") # 文字列の先頭が特定の文字列かどうか
true

julia> endswith("JuliaLang", "Lang") # 文字列の最後が特定の文字列かどうか
true

julia> join(["Julia", "Lang"], "-") # 区切り文字を用いた文字列の連結
```

```
"Julia-Lang"
```

また，文字列の検索は以下のように行う。

```
julia> findfirst("Julia", "JuliaLang")
1:5
```

findfirst 関数は，ある文字列を全体の文字列の中から探して，見つかった場合は文字インデックスを返す。見つからなかった場合は，nothing を返す。nothing は，Nothing 型のインスタンスで，値がないことを表す。

ほかにもさまざまな文字列関数が用意されているので，詳細は公式ドキュメントを参照してほしい。

2.1.11 正 規 表 現

最後に，文字列の検索で用いられる正規表現について紹介する。正規表現は，文字列の集合を表す表現方法で，例えば，「'J' で始まり 'g' で終わる文字列」といったパターンを表すために用いられる。また，文字列の中から，与えられた正規表現にマッチする部分文字列を検索することができる。

Julia では，PCRE（perl compatible regular expressions）と呼ばれる正規表現ライブラリを用いることができる。

Julia では，文字列の前に r を付けることによって，その文字列が正規表現であることを表す。例えば，「'J' で始まり 'g' で終わる文字列」は，以下の正規表現となる。

```
julia> regex = r"J.*g"
r"J.*g"

julia> typeof(regex)
Regex
```

正規表現を用いて文字列のパターンマッチングを行うには，以下のように match 関数を用いる。

```
julia> m = match(regex, "JuliaLang is the best.")
RegexMatch("JuliaLang")
```

```
julia> typeof(m)
RegexMatch
```

文字列が正規表現とマッチしなかった場合には，match 関数の戻り値は nothing となる。マッチした場合には，RegexMatch 型のオブジェクトが返り，マッチした文字列や位置などの情報を以下のようにして得ることができる。

```
julia> m.match # マッチした文字列
"JuliaLang"

julia> m.offset # マッチした位置
1
```

2.2 制 御 構 文

つぎに，if 文による条件評価や，while 文，for 文によるループについて説明する。

2.2.1 条 件 評 価

条件評価とは，if～elseif～else 文を用いてプログラムを条件分岐させ，条件に合致したコードを評価することである。Julia では，if，elseif，else，end というキーワードを使って以下のように条件評価のブロックを構成する。

```
julia> x = 3; y = 2;

julia> if x < y
           println("x is less than y")
       elseif x > y
           println("x is greater than y")
       else
           println("x is equal to y")
       end
x is greater than y
```

elseif と else はオプショナルで，必要な場合には if の後ろに付け加える。elseif はいくつでも増やすことができるが，全体の条件評価のブロックにおいて，if と else は必ず一つである。

また，以下のように三項演算子も使用できる。

```
julia> x = 100;

julia> x > 100 ? true : false
false
```

上記の構文の a ? b : c は，a の評価結果が true であれば，b を評価した結果を返す。そうでなければ，c を評価した結果を返す。三項演算子は，簡易な条件評価であれば，1 行で簡潔に記述できるという利点がある。

2.2.2 短　絡　評　価

短絡評価とは，&& や || という演算子を使用した条件評価である。通常の if 文を用いた条件評価と比べて，短絡評価を用いるとコードが簡潔になるため，Julia の標準ライブラリ内でも頻繁に用いられている。

a && b は，a と b がどちらも真の場合のみ真を返す。a を評価した結果が偽であった場合，最終的な結果は必ず偽となるため，b は評価されない。一方，a || b は，a と b がどちらも偽の場合のみ偽を返す。

a ならば b という条件式は，a && b と書くことができる。例えば，整数 n が 0 以上のとき，エラーとしてプログラムを終了させたいとする。これを短絡評価で表すと，以下のようになる。

```
julia> n >= 0 && error("n must be negative.")
```

逆に，n が 0 より小さいときにエラーとしたい場合は，以下のようにすればよい。

```
julia> n >= 0 || error("n must be non-negative.")
```

見慣れないうちは，この表記法の意味をすぐに把握することは難しいかもしれないが，Julia でよく用いられる典型的なパターンなので，ぜひマスターしておきたい。

2.2.3 ル　ー　プ

while 文を用いると，指定した条件を満たす間，while から end までのブロック内の処理を繰り返し実行することができる。例えば，以下のプログラムは，変数 i を 1 から 5 まで順番に出力する。

```
julia> i = 1;

julia> while i <= 5
           println(i)
           global i += 1
       end
1
2
3
4
5
```

この例では，i <= 5 という条件が満たされてる間，println 文によって i の値が出力され，i が 6 に達したらループを抜けて終了する。

ここで注意したい点として，REPL で最初に宣言された変数 i = 1 はグローバル変数となるため，while 文の中で i の値を書き換える場合には，global という修飾子を付与する必要がある（値を読み込むだけであれば global は不要）。

for 文は，while 文と同様に，ある条件を満たす間の繰返し処理を実行する。

```
julia> for i = 1:5
           println(i)
       end
1
2
3
4
5
```

1:5 は Range 型のオブジェクトで，1 から 5 までの整数を表す。また，i = ... ではなく i in ... と書いても動作は変わらない。

上記の for 文で宣言された変数 i はローカル変数なので，for 文内でのみ参照できる。for 文外で変数を参照すると，以下のようにエラーになる。

```
julia> for j = 1:2
```

```
            println(j)
        end
1
2

julia> j
ERROR: UndefVarError: j not defined
```

このように，制御構文によってブロックを構成する場合には，変数のスコープを把握しておくことは重要である。Julia では，`while` 文，`for` 文などのブロック内で宣言した変数はローカル変数となり，ブロック外では参照できない。

一方，REPL やモジュール内で宣言された変数はグローバル変数となるため，プログラム全体から値を参照することができる。

2.2.4 try/catch/finally

`try/catch/finally` は，プログラムの例外処理を行うための構文である。`try/catch/finally` では，テストしたいコードを `try` ブロックとして指定し，`try` ブロックの処理中に例外が発生したら，処理を中断して `catch` ブロックの処理が始まる。そして，`try` か `catch` の処理がすべて終わると `finally` の処理が行われる。`catch` や `finally` はオプショナルなので，`try/catch` や `try/finally` という使い方もできる。

以下の例は，文字列 `str` を `Int` 型に変換し，変換が失敗したときに例外処理を行うコードである。

```
julia> try
           i = parse(Int, str)
       catch
           # 例外処理
       end
```

上記の例では，文字列から整数への変換が失敗した場合にのみ `catch` ブロックの処理が実行される。このように，あらかじめ例外が発生する可能性を考慮して，例外が発生した場合の処理を `catch` 文として記述しておくことによって，意図しないプログラムの終了を避けることができる。

もう一つの例として，以下にファイルの入出力を行う例を紹介する。

```
julia> f = open("file")
julia> try
           operate(f)
       finally
           close(f)
       end
```

この例では，open 関数によってファイルを開き，operate 関数で何らかの操作を行っている。ファイルの処理中に例外が発生する・しないに関わらず，最後にはファイルを閉じる操作を行うために，finally ブロックで close 関数を呼んでいる。

2.3 関　　　数

つぎに，Julia の関数について説明する。関数は，いくつかの引数を入力として，何らかの結果を返すオブジェクトである。

まずは具体例を見ていこう。Julia では，以下のように関数を宣言する。

```
julia> function add(x, y)
           return x + y
       end
add (generic function with 1 method)
```

これは，二つの引数 x，y を入力として，その和を返す add 関数である。Julia の関数は，function キーワードでブロックを開始し，end キーワードでブロックを閉じる。

戻り値は，上記のように return キーワードを用いて明示してもよいが，そうではない場合は，最後に評価された値が自動的に戻り値となる。つまり，以下のようにしても x + y の値が戻り値となる。

```
julia> function add(x, y)
           x + y
       end
add (generic function with 1 method)
```

また，以下のように1行で記述することもできる。

```
julia> add(x, y) = x + y
add (generic function with 1 method)
```

関数を1行で記述するときは，function キーワードは不要である。また，end も必要ない。関数の定義が2行以上になる場合は，基本的に function～end を用いることになる。

上記で定義された add 関数を呼び出すには，以下のように記述すればよい。

```
julia> add(3, 4)
7
```

関数の引数には，型を指定することができる。型は，すべての引数に付与してもよいし，一部の引数だけでもよい。

```
julia> add_typed(x::Int, y::Int) = x + y;

julia> add_typed(3, 4)
7

julia> add_typed(3, 4.1)
ERROR: MethodError: no method matching add_typed(::Int64, ::Float64)
```

このように，関数の引数に型が指定されている場合，型が一致しない関数呼出しはエラーとなる。

さらに，Julia では，関数の戻り値にも型を指定することができる。

```
julia> add_typed(x::Int, y::Int)::Float64 = x + y;

julia> add_typed(3, 4)
7.0
```

戻り値に対して型指定した場合は，戻り値がその型である必要は必ずしもなく，戻り値がその型に変換可能であればよい。上記の例では，3 + 4 = 7 なので，戻り値 7 は Int 型であるが，それが Float64 型へ自動で変換されている。ただし，Float64 型から Int 型のように暗黙的な変換ができない場合は，以下のように実行時エラーとなる。

```
julia> add_typed(x::Float64, y::Float64)::Int = x + y;
```

```
julia> add_typed(3.2, 4.3)
ERROR: InexactError: Int64(7.5)
```

また，関数の戻り値を複数にするときは，以下のようにする。

```
julia> sum_diff(x, y) = (x+y, x-y);

julia> sum_diff(3, 4)
(7, -1)

julia> typeof(ans)
Tuple{Int64,Int64}
```

この関数は，引数の和と差をどちらも返す。戻り値は `Tuple{Int64,Int64}` という型になっていることがわかる。

`Tuple{Int64,Int64}` は `Tuple` 型と呼ばれ，複数の値をまとめた型である。`Tuple` 型の値を作成するには，`(1, 2, 3)` というように括弧を用いて表記する。`{Int64,Int64}` は，タプルの要素がどちらも `Int64` であることを表しており，例えば要素が三つの場合は `Tuple{Int64,Int64,Int64}` となる。

2.3.1 可変長引数

Juliaの関数は可変長の引数を取ることができる。可変長引数は，`x...` のように，変数の後に `...` を付けることで任意の数の引数を表す。

具体例を見てみよう。

```
julia> function f(x...)
           sum = 0
           for i = 1:length(x)
               sum += x[i]
           end
           sum
       end;

julia> f(3)
3

julia> f(3, 4)
7
```

```
julia> f(3, 4, 5)
12
```

このように，引数の数があらかじめ決められない場合には，可変長引数を用いると便利である。

可変長引数は，関数の最後の引数にのみ設定することができる。例えば，以下の関数の定義は正しい。

```
julia> g(x, y...) = (x, y...);

julia> g(3, 4, 5)
(3, 4, 5)
```

しかしながら，以下の関数の定義はエラーとなる。

```
julia> g(x..., y) = (x..., y);
ERROR: syntax: "g(x..., y)" is not a valid function argument name
```

同様に，二つの引数をそれぞれ可変長にすることもできないので注意しよう。また，可変長引数に型注釈を付与するときは，例えば`g(x, y::Int...)`とする。

Julia に標準で用意されている`rand`関数は，以下のように可変長の引数を取り，ランダムに初期化された多次元配列を返す。

```
julia> rand(4)
4-element Array{Float64,1}:
 0.9193384165404175
 0.3944492649802771
 0.7617221191081991
 0.6263359988057202

julia> rand(4, 3)
4×3 Array{Float64,2}:
 0.435524  0.653823  0.0996148
 0.228038  0.281366  0.668286
 0.247515  0.160643  0.514611
 0.388244  0.301     0.969998

julia> rand(4, 3, 2)
4×3×2 Array{Float64,3}:
[:, :, 1] =
 0.471471  0.688725  0.18989
```

```
 0.822387  0.835158  0.345132
 0.661271  0.174715  0.14921
 0.254304  0.980399  0.990666

[:, :, 2] =
 0.420622  0.581394   0.696052
 0.519798  0.80657    0.0583053
 0.548808  0.382616   0.963679
 0.356131  0.0909114  0.821428
```

実際に `rand` 関数が `rand(dims::Int...)` という可変長引数の関数として定義されているとは限らないが，このように引数の数が可変になる場合は，可変長引数の関数として定義すると記述が簡潔になり便利である。

2.3.2　オプショナル引数

関数の引数は，以下のようにデフォルトの値を設定しておくことができる。これをオプショナル引数と呼ぶ。

```
julia> f(x, y=1) = x + y;

julia> f(3)
4

julia> f(3, 4)
7
```

このように，オプショナル引数は省略可能で，値が指定されずに関数が呼び出された場合は，デフォルト値が代入されて実行される。複数の引数を同時にオプショナル引数とすることができるが，それらは必ず末尾の引数に限られる。

以下に正しいオプショナル引数の例と誤りの例を示す。

```
# 正しい例
julia> f(x, y=1, z=2) = x + y + z;

# 誤りの例
julia> f(x=3, y, z) = x + y + z;
ERROR: syntax: optional positional arguments must occur at end
```

2.3.3 キーワード引数

キーワード引数とは，名前を指定して呼び出すことのできる引数である。例えば，公式ドキュメントには以下の例が挙げられている。

```
function plot(x, y; style="solid", width=1, color="black")
    # プロットを描画する何らかの処理
end
```

これは，2次元プロットを描画する plot 関数の例である。`x`，`y` はそれぞれ x 座標と y 座標の値を指定する。残りの引数で値を指定するときは引数名が必要となる。例えば，`plot(1.3, 5.2, color="red")` というように呼び出す。

オプショナル引数とキーワード引数の使い分け　キーワード引数はオプショナル引数と似ているが，オプショナル引数の数が多いときは，キーワード引数を用いるほうが可読性が高い。上記の `plot(1.3, 5.2, color="red")` の例でも，color を red と指定してプロットを描画するということがわかりやすい。

オプショナル引数にするかキーワード引数にするか明確な決まりはないが，基本的には引数の順序に明確な決まりがないときや，引数の数が多いときにはキーワード引数のほうが適しているだろう。逆に，引数の数や意味が明確でその一部を省略したいような場合，キーワード引数は冗長になるのでオプショナル引数を用いるのがよい。

2.3.4 匿　名　関　数

Julia には匿名関数が用意されており，以下のように作成することができる。

```
julia> square = x -> x * x;

julia> square(3)
9
```

上記の例では，`x -> x * x` が匿名関数の定義で，`x` を引数として，それを二乗して返す関数である。

関数の本体が複数行のときは，以下のように `begin` と `end` キーワードを用いる。

```
julia> square = x -> begin
           x * x
       end;
```

Julia の関数はオブジェクトなので，上記のように変数 `square` に入れて通常の値と同様に扱うことができる。また，例えば，`y = square` として `y(3)` とすれば，`square` 関数を呼び出すこともできる。

匿名関数は，一時的な関数を作成して使用するような場合に有用である。例えば，配列の個々の要素を変換して新しい配列を生成したり，配列から一部の要素のみを取り出すような場合である。以下に例を示す。

```
julia> array = [1, 2, 3, 4, 5];

julia> map(x -> x * x, array)
5-element Array{Int64,1}:
  1
  4
  9
 16
 25

julia> filter(x -> x % 2 == 1, array)
3-element Array{Int64,1}:
 1
 3
 5
```

一つ目の例では，配列の要素を一つずつ取り出して，各要素を二乗した結果から新しい配列を生成している。二つ目の例では，同じく配列の要素を一つずつ取り出して，各要素を 2 で割った余りが 1 である要素のみから新しい配列を生成している。

2.4　型

つぎに，Julia の型について説明する。Julia の型システムは，「動的型付けであるが型注釈をコードに付与できる」という点と，「多重ディスパッチによって動的にメソッド呼出しが行われる」という点が特徴的である。

最初に注意しておきたいこととして，Julia は一般的なオブジェクト指向のプログラミング言語とは異なる。したがって，オブジェクトに関数を所属させることはできず，型の継承も存在しない（型の階層関係はある）。他のオブジェクト指向プログラミングに慣れたユーザは，このことに最初は戸惑うかもしれないが，Julia の考え方に沿ってプログラム設計ができるようになっていくと，Julia の型システムが合理的で，オブジェクト指向の抱える多くの問題を解決できることに気付くだろう。

プログラミング言語は，静的型付け（static typing）と動的型付け（dynamic typing）とに大きく分けられる。静的型付けとは，値の型がプログラムの実行よりも前（例えばコンパイル時）にあらかじめ決められている型システムである。C++ や Go 言語は，代表的な静的型付けの言語である。静的型付けの言語は，コンパイル時に型情報を利用した最適化が可能であるため，一般に実行速度が速く，実行前に型に関するエラーを検出できるという利点がある。

一方，動的型付けとは，実行時まで値の型が決められていない型システムである（型が存在しないということではない）。Python や JavaScript は代表的な動的型付けの言語であり，それらの多くは，コードに型の注釈を必要としない。したがって，実行時に期待する型とは異なる値が渡された場合，実行時エラーとなるか，あるいは暗黙的に型変換が行われて実行されることになる。

Julia の型システムは，基本的に動的型付けに基づいているが，必要に応じて型の注釈をコードに付与することができる。これを optional typing と呼ぶ。また，Julia は実行時コンパイル（just-in-time コンパイル，JIT コンパイル）を採用しており，LLVM を利用してプログラムの実行時にコードの最適化を行う。

Julia において型の注釈を付与することは，少なくとも以下の二点においてメリットがある。一つ目は，型の情報を付与することにより，JIT コンパイルによりコードが最適化されて実行速度を改善する場合があるという点である。ただし，型注釈を用いなくても十分に最適化されたコードになる場合もあるので，型注釈を行えば必ず実行速度を改善できるわけではない。詳細は 4 章で説明する。

二つ目は，多重ディスパッチが利用できるという点である。多重ディスパッチとは，同一の名前で引数の数や型が異なる関数をいくつか定義しておき，実行時に型に応じた適切な関数が実行される仕組みである。C++ のオーバーロードと似ているが，多重ディスパッチは動的に引数の型に応じた関数が呼び出されるという点が異なる。Julia はこの多重ディスパッチを使ってメソッド定義をしていくスタイルである。多重ディスパッチは，Common Lisp が採用していることでよく知られているが，Julia も Common Lisp から多くの影響を受けている。

Julia は動的型付けの言語であるため，通常，型注釈を用いる必要は必ずしもない。どのような場合に型注釈を行うべきかということに関して明確な決まりは存在しないが，例えば，コードの可読性を向上させたい場合や意図的なコードの最適化を行う場合，あるいは多重ディスパッチを用いる場合などの状況では型注釈を用いればよい。型注釈を付与すれば必ずプログラムの実行が高速化されるとは限らないので，その点は注意が必要である。

では，具体的な Julia の型システムと型注釈について説明する。

2.4.1 型 の 宣 言

型の宣言には，`::` 演算子を用いて，例えば `x::Int` とする。前述のように，型を付与したからといって必ずしもパフォーマンスが向上するとは限らないが，設計の段階ですでに型が決まっている場合には，プログラムが期待どおりに動作するかチェックするという意味合いも兼ねて，型注釈を付与しておくのがよいだろう。

2.3 節では，以下の関数を例として紹介した。

```
function add_typed(x::Int, y::Int)
  x + y
end
```

この例では，引数 `x`，`y` が `Int` 型で宣言されており，それ以外の型を引数として関数を呼び出すと実行時エラーとなる。また，関数の引数としてではなく，任意のコンテキストで `x::Int = 1` とすることもできるが，これは冗長な表現であるため，あまり用いられない。

2.1.2 項では，プリミティブ型として `Int64` 型や `Float64` 型を紹介した。Julia では，プリミティブ型をカスタムで作成することもできる。実際に，標準で用意されているプリミティブ型は，Julia 自身で以下のように宣言されている。詳細は，Julia ソースコードの `base/boot.jl` を見ると確認することができる。

```
primitive type Float16 <: AbstractFloat 16 end
primitive type Float32 <: AbstractFloat 32 end
primitive type Float64 <: AbstractFloat 64 end
primitive type Bool <: Integer 8 end
primitive type Char <: AbstractChar 32 end
primitive type Int32   <: Signed   32 end
primitive type UInt32  <: Unsigned 32 end
primitive type Int64   <: Signed   64 end
primitive type UInt64  <: Unsigned 64 end
```

例えば，`Float16` 型は，`AbstractFloat` 型の子で，16 ビットであることを表す。Julia の型には階層関係があり，親の型を supertype，子の型を subtype と呼ぶ。もし supertype が指定されなかった場合は，`Any` 型が supertype あるいは親の型となる。注意点として，プリミティブ型は必ず 8 ビット単位で指定する必要がある。

2.4.2 型の階層関係

先ほどのプリミティブ型で紹介したように，Julia の型システムでは，型どうしに親子関係が存在し，全体で型をノードとするグラフを構成する。

これらは，具体型（concrete type）と抽象型（abstract type）とに大きく分けられる。これまでに見てきた `Int64` 型や `Float64` 型などのプリミティブ型は，すべて具体型である。抽象型は，これらの親，あるいはさらにその親となる型で，インスタンス化してオブジェクトを生成することはできない。

例えば，浮動小数点の場合，`Float16`，`Float32`，`Float64` 型は，すべて `AbstractFloat` 型という抽象型を親に持つ。また，`Int8`，`Int16`，`Int32`，`Int64` 型の親

は Signed 型であり，符号付き整数を表す型である。同様に，UInt8，UInt16，UInt32，UInt64 型の親は Unsigned 型である。図 **2.1** に，Number 型の階層関係を示す。

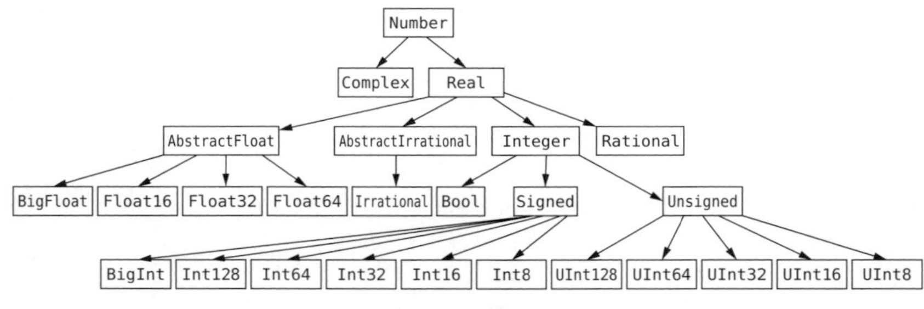

図 **2.1**　Number 型の階層関係

抽象型は，abstract type キーワードを使って以下のように宣言する。

```
abstract type <name> end
abstract type <name> <: <supertype> end
```

<name> は，抽象型の名前である。<: 演算子を使うと，親の型も同時に指定することができる。

親の型は，以下のように supertype 関数で確認することができる。

```
julia> supertype(Float32)
AbstractFloat

julia> supertype(AbstractFloat)
Real

julia> supertype(Real)
Number

julia> supertype(Number)
Any
```

一方，子の型は以下のように subtypes 関数で確認することができる。

```
julia> subtypes(Real)
4-element Array{Any,1}:
 AbstractFloat
 AbstractIrrational
```

```
 Integer
 Rational

julia> subtypes(AbstractFloat)
4-element Array{Any,1}:
 BigFloat
 Float16
 Float32
 Float64

julia> subtypes(Float32)
0-element Array{Type,1}
```

Any 型は，型グラフの最上位に位置する型で，すべての型は Any 型の子孫となる。また，関数の引数に型を指定しない場合は，その引数は Any 型であると解釈される。つまり，function f(x, y) は，function f(x::Any, y::Any) と同じである。

2.4.3 Nothing 型

Nothing 型は，「何もない」ことを表すための型で，以下のような nothing という唯一のオブジェクト（シングルトンオブジェクト）を持つ。

```
julia> x = nothing

julia> typeof(x)
Nothing

julia> isnothing(x)
true
```

例えば，関数の戻り値が何もないときは，関数の最後に return と記述するが，これは return nothing と同じ意味になり，形式的には「何もないもの」を返すということになる。

ほかにも，例えば，文字列の検索を行う findfirst 関数では，検索文字列が見つかった場合はその範囲を返し，見つからなかった場合は nothing を返す。

```
julia> findfirst("a", "Hello Julia!")
11:11
```

```
julia> findfirst("b", "Hello Julia!")
```

nothingは，REPL上では何も表示されないので注意されたい。このほかにも，Nothing型は，Union型と組み合わせて使われる場合があり，この後の2.4.5項で詳細を説明する。

2.4.4 複　合　型

複合型（composite types）とは，複数の名前付きフィールドをまとめて扱うことのできる型である。C++，Java，Python，Rubyのようなオブジェクト指向言語では，複合型に関数を関連付けることができる。例えば，以下のような x，y 座標を表すPoint型を考えてみよう。

```
class Point {
    Int x;
    Int y;

    public Float32 distance() {
        return sqrt(this.x^2 + this.y^2);
    }
}

p = new Point(2, 3);
p.distance();
```

distanceは，原点から x，y 座標までのユークリッド距離を求める関数で，sqrtは平方根を求める関数である。

一方，Juliaでは，関数が複合型に所属するのではなく，以下のように型の宣言とは独立している。

```
struct Point
    x::Int
    y::Int
end

function distance(p::Point)
    sqrt(p.x^2 + p.y^2)
end
```

```
p = Point(2, 3)
distance(p)
```

したがって，Juliaの関数は，つねに第一級オブジェクト（first-class object）として扱われる。

複合型は，上記のように struct キーワードを用いて宣言する。このように宣言された複合型は，具体型と呼ばれる型になる。Juliaでは，具体型を親とする型を定義することはできず，型の継承もできない。すなわち，具体型は子の型を持たない。

また，function distance(p::Point) 以外にも，function distance(p::Point2) のように，Point 型以外の型を引数にして，同じ名前の distance 関数をいくつも定義することができる。その場合，distance(p) が呼ばれるときに，引数の型や数に基づいてJuliaが適切な distance 関数を実行する。この仕組みを多重ディスパッチと呼ぶ。

Point 型の x，y をフィールドと呼び，必要に応じて型注釈を付与することができる。型注釈はオプショナルなので，例えば x::Int ではなく x とすると，x::Any と同じことになる。

上記の Point 型を宣言すると，暗黙的にコンストラクタが生成されるため，以下のように Point 型のオブジェクトを作ることができる。また，フィールドの値はドット演算子でアクセスできる。

```
julia> p = Point(2, 3)
Point(2, 3)

julia> p.x
2

julia> p.y
3
```

新しいコンストラクタを定義するには，以下のように Point という名前の関数を作成すればよい。例えば，y を省略したコンストラクタは以下のように定義できる。

```
julia> Point(x) = Point(x, 0);

julia> p = Point(1)
Point(1, 0)
```

struct で宣言された型は immutable である。すなわち, 以下のように, フィールドの値を後から変更することができない。

```
julia> p.x = 2
ERROR: type Point is immutable
```

immutable な型は，開発者が意図しない値の変更を避けることができ，コンパイラがコードをさらに最適化できる可能性もあるので，後から値を変更しない場合には，基本的に struct を使用することが推奨される。ただし，フィールドの値が配列などの mutable な型のオブジェクトである場合は，配列の要素は後から変更できる。あくまでも，struct のフィールドの値が変更できないということに注意されたい。

値が変更される場合には，以下のように mutable struct を使用する。

```
julia> mutable struct Point
           x::Int
           y::Int
       end;

julia> p = Point(3, 4);

julia> p.x
3

julia> p.x = 1
1
```

フィールドの値を後から変更するには，p.x = 1 のように値を代入する。ただし，mutable な Point 型のフィールドは Int で宣言されているので，以下のように異なる型の値を代入するとエラーになる。

```
julia> p.x = 3.1
ERROR: InexactError: Int64(3.1)
```

2.4.5 Union　型

Union 型は，特殊な抽象型の一種で，複数の型の和集合を表す型である。Union 型では，以下のように Union を用いる。

```
julia> IntOrString = Union{Int,String}
Union{Int64, String}

julia> union_type(x::IntOrString) = x;

julia> union_type(1)
1

julia> union_type("Julia")
"Julia"

julia> union_type(1.2)
ERROR: MethodError: no method matching union_type(::Float64)
```

このように，Int または String を表す型を作成することができる。通常は，まったく無関係な型を Union 型としてまとめるのは，プログラム設計そのものに問題がある場合が多いので，多重ディスパッチを使うなど別の方法を検討することをおすすめする。

Union 型がよく用いられるケースは，Union{T, Nothing} という型である。T には，Int や Float32 などの型が入る。Union{T, Nothing} は，T 型のオブジェクトあるいは nothing を表すので，値が存在するかわからない変数の型注釈として用いることができる。他のプログラミング言語では，これは Nullable 型や Option 型と呼ばれているものに相当する。

2.4.6 パラメトリック型

パラメトリック型とは，他の言語でジェネリクスあるいはテンプレートなどと呼ばれているものと類似した機能である。先ほどの Point 型をパラメトリック型に変更してみよう。

```
julia> mutable struct Point{T}
           x::T
```

```
            y::T
        end;

julia>  p = Point(2, 3)
Point{Int64}(2, 3)

julia> q = Point(2.1, 3.2)
Point{Float64}(2.1, 3.2)
```

Point{T}型は,「型Tをパラメータとする Point型」と呼ぶことができ,Tを型パラメータと呼ぶ。Tは，Int64やFloat64などの具体的な型としてPoint{T}型をインスタンス化し，Point{T}は，あらゆる型Tのテンプレートとなる。

実際にPoint{T}型のインスタンスを生成するには，上記のようにp = Point(2, 3)とするか，あるいは型を明示してp = Point{Int}(2, 3)としてもよい。いずれの場合も，TをIntとしてPoint型のインスタンスが生成される。

Point{T}型では，フィールドとしてx，yがあり，それぞれT型として宣言されている。したがって，p = Point{Int}(2, 3.1)のようなコードは型が合わずエラーとなる。

つぎに，distance関数も型パラメータを持つように修正しよう。

```
julia> function distance(p::Point{T}) where T
            sqrt(p.x^2 + p.y^2)
        end
```

上記のように，型パラメータTを引数に使う場合，where Tという句を後ろへ付与する必要がある。このようにすると，Point{Int64}型やPoint{Float64}型など，あらゆる型パラメータのPoint{T}型を引数に取ることができる。

また，関数の実行時に，Tには具体的な値が入っているので，例えば以下のようにすれば，型の情報を出力することができる。

```
julia> function distance(p::Point{T}) where T
            println(T)
            sqrt(p.x^2 + p.y^2)
        end;

julia> p = Point(2, 3);
```

```
julia> distance(p)
Int64
3.605551275463989
```

T が Int 型のときと Float64 型のときで異なる動作を実行したいとき，以下のように if 文を用いるのは悪い例である。

```
function distance(p::Point{T}) where T
    if T == Int
        # Int 型のときの動作
    elseif T == Float64
        # Float64 型のときの動作
    else
        # それ以外のときの動作
        throw("Error")
    end
end
```

Julia では多重ディスパッチの仕組みが用意されているので，以下のように関数を分けるのがよい。

```
function distance(p::Point{Int})
    # Int 型のときの動作
end

function distance(p::Point{Float64})
    # Float64 型のときの動作
end

function distance(p::Point)
    # それ以外のときの動作
    throw("Error")
end
```

最後の distance(p::Point) 関数は，Point{Int} 型や Point{Float64} 型以外の引数の場合に呼び出される。このように，型の条件分岐を自分で行うのではなく，多重ディスパッチによって行うようにするのがよい。

一つ注意点として，struct Point{T} としてパラメトリック型の Point{T} 型が定義されていた場合，型パラメータを指定しない「Point」は，Point{Int} 型や Point{Float64} 型などの親の型として振る舞う。したがって，Point{Int} 型のオブジェクトは，p::Point{Int} と p::Point のどちらにもマッチする。

このような場合には，多重ディスパッチでは，より具体型に近い型（より特殊な型）を優先するという決まりがあるので，`p::Point{Int}` 型を引数とする関数が呼び出される。パラメトリック型の階層関係については，2.4.7 項で説明する。

型パラメータが複数となる場合は，以下のようにする。

```
julia> struct Point2{T,U}
           x::T
           y::U
       end;

julia> p = Point2(2, 3.1)
Point2{Int64,Float64}(2, 3.1)
```

また，`distance` 関数も同様に，以下のように `where {T,U}` と記述する。

```
function distance(p::Point2{T,U}) where {T,U}
    sqrt(p.x^2 + p.y^2)
end
```

型パラメータの名前は任意なので，`where {T1,T2}` などと表記してもよい。

2.4.7　パラメトリック型の階層関係

パラメトリック型により，ベースとなる型と型パラメータを組み合わせてさまざまな型を生成できるようになった。では，これらの型の階層関係（2.4.2 項を参照してほしい）はどのようになっているだろうか？

型の階層関係は，以下のように `<:` 演算子を用いて確認することができる。例えば，`Int` 型と `Number` 型には，`Int < Signed < Integer < Real < Number` という階層関係があるので，`Int <: Number` は `true` となる。

```
julia> Int <: Number
true

julia> Int >: Number
false

julia> Int <: Float64
false
```

ただし，`>:` は `<:` の逆の意味を表す演算子で，左の型が右の型の親あるいは祖先であるとき `true` を返す。また，`>:` と `<:` は，左右の型が同じ場合にも `true` を返すので，`Int <: Int` あるいは `Int >: Int` も `true` となる。上記の例では，`Int` と `Number` の間には親子関係があるが，`Int` と `Float64` には親子関係はないことが確認できる。

つぎに，パラメトリック型の階層関係を確認すると，以下のようになる。

```
julia> Point{Int} <: Point
true

julia> Point{Int} <: Point{Number}
false

julia> Point{Int} <: Point{Float64}
false
```

まずはじめに，`Point` のように型パラメータが指定されていない型は，`Point{Int}` のように型が指定された型の親として振る舞う（ちなみに，`Point` は `UnionAll` 型という特殊な型となる。気になる方は公式ドキュメンテーションを参照してほしい）。

また，二つ目の例では，`Point{Int}` と `Point{Number}` には親子関係がないということを表している。`Int` 型と `Number` 型には親子関係があるのに，`Point` 型では親子関係がないということは誤解しやすいポイントなので，ぜひ覚えておいてほしい。これは，プログラミング言語において，型の共変（covariant）や不変（invariant）と呼ばれる概念である。`Point{Number}` 型と `Point{Int}` 型が親子関係にあるとき，共変であるという。逆に，まったく関係がないとき，不変であるという。

Juliaの型システムにおいて，パラメトリック型は不変なので，`Point{Int} <: Point{Number}` は成立しない。これは，おもに実行効率性の理由による。ただし，プログラミング言語によって共変と不変に関する設計は異なるので注意してほしい。例えば，Javaのジェネリクスは Julia と同じく不変であるが，C#のジェネリクスでは `in/out` キーワードにより共変性をサポートしている。

2.4.6 項の distance 関数に話を戻そう。パラメトリック型は不変であるので，以下の関数は意図どおりに動作しない。

```
function distance(p::Point{Number})
    # 何らかの処理
end
```

すなわち，上記の distance 関数は，Point{Int} 型や Point{Float64} 型のオブジェクトを引数として呼び出すことができない。代わりに，以下のように型パラメータに対する制約を加えることができる。

```
function distance(p::Point{<:Number})
    # 何らかの処理
end
```

上記の場合には，Point{Int} 型や Point{Float64} 型のオブジェクトは Point{<:Number} に含まれるので，意図どおりに関数が実行される。

あるいは，以下のようにしても同じである。

```
function distance(p::Point{T}) where T <:Number
    # 何らかの処理
end
```

2.4.8　抽象型のパラメトリック型

つぎに，抽象型のパラメトリック型について紹介する。これまでに紹介した Point{T} などの型は具体型であった（具体型と抽象型については 2.4.2 項を参照のこと）。抽象型のパラメトリック型は，以下のように定義することができる。

```
julia> abstract type AbstractPoint{T} end;
```

また，AbstractPoint{T} を親とする型を定義するには，以下のようにする。

```
julia> struct Point2D{T} <: AbstractPoint{T}
           x::T
           y::T
       end;
```

Point2D{T} 型は，AbstractPoint{T} 型の子となる。このように定義された Point2D{T} 型の階層関係は，以下のようになる。

```
julia> Point2D{Int} <: AbstractPoint
```

```
true

julia> Point2D{Int} <: AbstractPoint{Int}
true

julia> Point2D{Int} <: AbstractPoint{Number}
false
```

Point2D{Int} 型は，AbstractPoint{Int} 型と親子関係にあることに注意しよう。ただし，2.4.7 項で説明したように，Point2D{Int} 型と AbstractPoint{Number} 型には特に関係がない。

2.5 コレクション

コレクションとは，一連のデータを格納しておく型あるいはオブジェクトのことで，例えば，タプル，リスト，辞書，集合などがある。実際のプログラミングでは，Int64 型や Float64 型といったプリミティブ型の値だけでなく，それらをまとめて一つのオブジェクトとして扱うことが多い。そのような場合に，適切なコレクションにデータを格納して扱うことが必要となる。

ここでは，Julia に標準で用意されている主要なコレクションの使い方について説明していく。Python や Ruby などの動的プログラミング言語と同様に，Julia では基本的なコレクションが標準ライブラリとして提供されている。また，DataStructures.jl パッケージ†では，ヒープや優先度付きキューなど，標準ライブラリには含まれないデータ構造が提供されているので，そちらも必要に応じて参照してほしい。

Julia では，慣用的に，関数名の最後に ! を付与したものは，引数のすべてまたは一部を変更あるいは破棄することを示す。mutable なコレクションでは，コレクションに要素を追加したり削除する機能が提供されているので，それらを行う関数名の末尾には ! が付与されている。例えば，push! 関数や insert! 関数などである。

† https://github.com/JuliaCollections/DataStructures.jl

一方，関数名の最後に ! が付与されていないものは，基本的には引数に対する破壊的変更はないことが期待される。もちろん，これらは仕様として厳密に決まっているものではないが，なるべくJuliaの慣習に合わせてコードを書くようにしよう。

2.5.1 タ　プ　ル

タプルは，複数のオブジェクトをまとめておくデータ構造で，`(1, 2, 3)`のように括弧で表記する。タプルは`Tuple`型のオブジェクトで，任意の数の型パラメータを持つ。例えば，`(1, 2, 3)`は，`Tuple{Int,Int,Int}`型のオブジェクトである。

`Tuple`型のオブジェクトの要素は，1で始まるインデックスによってアクセスする。また，タプルはimmutableな型なので，値を変更することはできない。以下に，具体的なタプルの使い方を示す。

```
julia> t = (1, 2, 3)
(1, 2, 3)

julia> typeof(t)
Tuple{Int,Int,Int}

# 最初の要素を取得
julia> t[1]
1

# タプルは値を変更できない
julia> t[1] = 4
ERROR: MethodError: no method matching setindex!(::Tuple{Int64,Int64,Int64}, ::Int64, ::Int64)
```

タプルは，例えば`Array`型のサイズを表現するために使われる。以下のようにランダムで初期化された行列を作成して，`size`関数でそのサイズを取得する。

```
julia> array = rand(4, 3)
4×3 Array{Float64,2}:
 0.17583   0.0920502  0.652149
 0.174789  0.92451    0.738275
 0.348249  0.868339   0.087566
```

```
 0.885745  0.0323938  0.412391

julia> size(array)
(4, 3)
```

また，関数の可変長引数は以下のように Tuple 型のオブジェクトとなる。

```
julia> f(x...) = x;

julia> y = f(1, 2, 3)
(1, 2, 3)

julia> typeof(y)
Tuple{Int64,Int64,Int64}
```

タプルは，関数から複数の値をまとめて返す場合など，いくつかの値をまとめて扱いたい場合に有用なコレクションである。ただし，要素の数が多いときや，オブジェクトどうしの数値演算を行うときは，配列（Array 型）を用いるのがよい。

2.5.2 名前付きタプル

名前付きタプル（named tuple）とは，各要素に名前を付けておくことができるタプルである。タプルと同様に immutable な型なので，要素の値を後から変更することはできない。名前付きタプルは元々，NamedTuples.jl という独立したパッケージとして開発されていたが，Julia 0.7 から標準ライブラリに組み込まれた。

通常のタプルでは，数字インデックスによるアクセスしかできないため，各要素がどのような意味を持つのかわかりにくい場合がある。一方，名前付きタプルは，要素に自由に名前を付けることができるため，要素が何を意味するのかが明確になり，コードの変更にも頑健になる場合がある。

名前付きタプルは，例えば，(a = 1, b = 2) といったように表記することで，NamedTuple 型のオブジェクトとなる。上記の例では，NamedTuple{(:a, :b), Tuple{Int64,Int64}} 型のオブジェクトとなる。ここで，:a，:b のようにコロン（:）で始まるオブジェクトは，2.8.1 項で説明する Symbol 型のオブジェクトである。a，bを名前付きタプルのキーと呼び，1，2を名前付きタプルの値と呼ぶ。

名前付きタプルの使用例を以下に示す。

```
julia> t = (a = 1, b = 2, c = 3)
(a = 1, b = 2, c = 3)

# 1番目の要素を名前で取得
julia> t.a
1

# 数字インデックスでも値を取得できる
julia> t[2]
2

# シンボルでも値を取得できる
julia> t[:c]
3
```

また，keys，values関数によって，キーと値をそれぞれ取得できる。

```
julia> keys(t)
(:a, :b, :c)

julia> values(t)
(1, 2, 3)
```

名前付きタプルのキーは，Symbol型のタプルとなる。前述のように，タプルの要素が意味するものが明確である場合は通常のタプルで十分であるが，要素の意味をより明確にしたい場合や，要素数が可変になる場合などは，名前付きタプルの使用を検討するとよい。しかし，名前付きタプルは，基本的に一時的に使用するオブジェクトという扱いなので，本格的に使用する場合はstruct，mutable structなどの複合型を検討するとよい。

2.5.3 リ　　ス　　ト

リストとはいくつかの意味で用いられるが，ここでは，系列データを格納し，値の追加や削除ができるコレクションを指すことにする。PythonやJavaのリストと同じである。

Juliaでは，1次元の`Array`型をリストとして用いる。値の追加や削除には，以下のように`push!`，`pop!`，`insert!`，`deleteat!`などの関数を用いる。

```
julia> list = []
0-element Array{Any,1}

julia> list = [1, 2]
2-element Array{Int64,1}:
 1
 2

# 末尾に要素を加える
julia> push!(list, 3)
3-element Array{Int64,1}:
 1
 2
 3

# 末尾の要素を取り出す
julia> pop!(list)
3

julia> list
2-element Array{Int64,1}:
 1
 2

# i番目に要素を挿入する
julia> insert!(list, 2, 4)
3-element Array{Int64,1}:
 1
 4
 2

# i番目の要素を削除する
julia> deleteat!(list, 1)
2-element Array{Int64,1}:
 4
 2
```

`push!`は末尾に要素を追加するが，先頭に追加する場合は`pushfirst!`を用いる。同様に，`pop!`は末尾の要素を取り出すが，先頭の要素を取り出す場合は

popfirst! を用いる。また，for 文により要素を順番に列挙することや，1 で始まるインデックスによって要素の取得や代入ができる。

DataStructures.jl には，スタック，キュー，両端キュー（deque）などが提供されているので，状況に応じてそれらの使用も検討しよう。

2.5.4 辞　　書

辞書（dictionary）は，キーと値のペアを格納するコレクションである。キーは辞書内でユニークである必要があり，キーの重複は許容されない。辞書の基本的な使い方は，キーから値を検索することである。

Julia の辞書は，Dict{K,V} 型で，キーと値に関する二つの型パラメータを持つ。以下に具体的な使い方を示す。

```
julia> d = Dict{String,Int}()
Dict{String,Int64} with 0 entries

julia> d["a"] = 1; d["b"] = 2;

julia> d
Dict{String,Int64} with 2 entries:
  "b" => 2
  "a" => 1
```

辞書型のオブジェクトは，Dict{String,Int}() のように初期化する。型を指定しない場合は，Dict{String}() とすると Dict{String,Any}() と同じ意味になり，キーが String 型で，値はどんな型でも許容する辞書となる。同様に，Dict() とすると，Dict{Any,Any} と同じ意味になる。

辞書の値の読み書きは以下のように行う。

```
julia> d["a"]
1

julia> d["c"]
ERROR: KeyError: key "c" not found

julia> d["a"] = 3;
```

```
julia> d
Dict{String,Int64} with 2 entries:
  "b" => 2
  "a" => 3
```

辞書は，キーによって値を検索することができるが，キーが辞書に存在しないときはエラーを返す。キーが辞書に含まれているかをあらかじめ確認する場合は，以下のように haskey 関数を用いる。

```
julia> haskey(d, "a")
true

julia> haskey(d, "c")
false
```

ほかにも，辞書型に関するさまざまな関数が用意されているので，詳細は公式ドキュメンテーションを参照してほしい。また，特殊なタイプの辞書として，IdDict 型と WeakKeyDict 型がある。こちらも興味のあるユーザは，ぜひ公式ドキュメンテーションを参照してほしい。

2.5.5 集 合

集合は，キーのみを保持する辞書である。つまり，重複する要素を格納することができないため，データからユニークな要素だけを取り出したり，その数を数えたりする際によく用いられる。以下に具体的な使い方を示す。

```
julia> s = Set([1, 2])
Set([2, 1])

julia> typeof(s)
Set{Int64}

# 値の追加
julia> push!(s, 3)
Set([2, 3, 1])

# 和集合
julia> union(s, [3, 4])
Set([4, 2, 3, 1])
```

```
# 積集合
julia> intersect(s, [3, 4])
Set([3])
```

集合は Set{T} 型である。T は型パラメータで，集合の要素の型である。辞書と同様に，s = Set() とすると，Set{Any} 型のオブジェクトとなり，要素にはどんな型のオブジェクトでも入れることができる。和集合や積集合には，それぞれ union 関数と intersect 関数が用意されている。

また，Julia にはいくつかの集合演算のための関数が用意されており，以下のように Set 型のインスタンスを作成することなく用いることができる。

```
julia> issubset([1, 2], [1, 2, 3])
true

# issubset と同じ
julia> [1, 2] ⊆ [1, 2, 3]
true
```

ほかにも，⊇，⊈，⊊などの数学記号が演算子として標準で定義されている。

2.5.6　コレクション共通の関数

多くのコレクションで共通に使える関数は，**表 2.2** のものがある。

表 2.2　コレクション共通の関数

関　数	概　要
isempty(collection) -> Bool	コレクションが空かどうか
empty!(collection) -> collection	コレクションを空にする
length(collection) -> Int	コレクションの要素数
eltype(collection) -> Type	コレクションの型パラメータ

これ以外にも，辞書や集合でのみ定義されている関数や，配列などの系列データでのみ定義される関数などがある。詳細は公式ドキュメンテーションを参照してほしい。

2.5.7　コレクションのイテレーション

コレクションの要素は，for 文で一つずつ順番に列挙することができる。例えば，以下のコードは，辞書の要素を一つずつ列挙して，キーを画面に出力する。

```
julia> d = Dict("a" => 1, "b" => 2, "c" => 3)
Dict{String,Int64} with 3 entries:
  "c" => 3
  "b" => 2
  "a" => 1

julia> for (key, value) in d
           println(key)
       end
c
b
a
```

一般化すると，コレクションのイテレーションは以下のような構文になる。

```
for x in collection
    # 何らかの処理
end
```

Julia では，上記のコードは以下のように変換される。

```
next = iterate(collection)
while next !== nothing
    (x, state) = next
    # 何らかの処理
    next = iterate(collection, state)
end
```

つまり，まずはじめに `iterate(collection)` 関数によって，コレクションの最初の要素が取得される。つぎに，要素が空になるまで `iterate` 関数がつぎつぎと呼び出され，つぎの要素が取得される。`next` は，コレクションの要素 `x` と，コレクションの状態 `state` のタプルとなる。`state` が具体的にどんなオブジェクトであるかは任意で，コレクションのつぎの要素を取得するために必要なオブジェクトであればよい。

自作のコレクション型に対してイテレーションを実現するためには，`iterate` 関数を実装すればよい。

2.6 多次元配列

Juliaでは，`Array{T,N}`型という多次元配列が標準で用意されている。`T`は多次元配列の要素の型，`N`は次元の数を表す。例えば，`N`が1のときはベクトル，`N`が2のときは行列，`N`が3以上はテンソルとなる。ただし，多次元配列も内部的には1次元の配列を使用しているので，例えば長さ12のベクトルを4×3の行列に変換することは見かけ上の形を変更するだけなので，値のコピーなく実行できる。

また，Juliaの`Array`型は，MATLABの多次元配列と非常によく似ており，関数名もMATLABと同じ名前になっていることが多い。逆に，PythonのNumPyとは異なる部分があるので，NumPyに慣れているユーザは注意してほしい。

おもな違いは，NumPyの多次元配列は，インデックスが0で始まり，要素の順番はデフォルトでrow-major orderであるが，Juliaの多次元配列は，インデックスが1で始まり，要素の順番はcolumn-major orderである。row-major orderとcolumn-major orderの違いは図**2.2**に概要を示す。

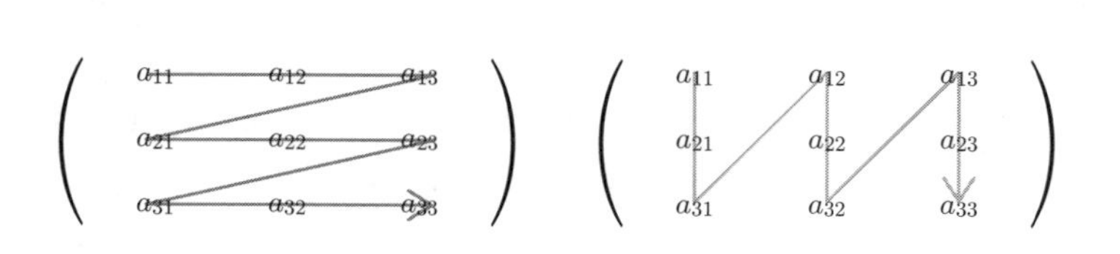

図 **2.2**　row-major orderとcolumn-major orderの違い

PythonのNumPyでは，`array`型が多次元配列で，それとは別に，線形代数演算のために`matrix`型という`array`型のサブクラスが用意されている。また，配列要素のインデックスは0で始まり，デフォルトでは最後の次元に沿って値が格納されている（row-major order）。すなわち，最後の次元のストライドが1となる。

一方，Juliaの配列は，すべて`Array{T,N}`型で統一されている。`Vector{T}`型と`Matrix{T}`型も存在するが，それぞれ`Array{T,1}`と`Array{T,2}`の単なるエイリアスである。また，配列要素のインデックスは1で始まり，最初の次元に沿って値が格納される（column-major order）。すなわち，最初の次元のストライドが1となる。ストライドとは，1次元配列上で要素がいくつの間隔で並んでいるかを表す。したがって，Juliaの行列の場合，同じ列の要素を順番に列挙するのはきわめて高速であるが，同じ行の要素を順番に列挙するのはあまり効率的でない。

2.5節でも言及したように，Juliaでは，慣用的に関数名の最後に`!`を付与したものは，引数のすべてまたは一部を変更あるいは破棄することを示す。例えば，`sort`関数は，引数の配列を並び替えた新しい配列を返すが，`sort!`関数は，引数の配列の中身を変更して並び替える。このように，いくつかの関数では，引数のオブジェクトを変更しない関数と変更する関数とを同じ名前で提供している。

2.6.1 初　期　化

配列の初期化に関する主要な関数を一覧にすると，**表2.3**のようになる。`T`は要素の型を表し，`dims`は配列のサイズを表す。

表2.3　配列の初期化に関する主要な関数

関　数	概　要
`Array{T}(undef, dims...)`	値が初期化されていない配列
`zeros(T, dims...)`	すべての値が0の配列
`ones(T, dims...)`	すべての値が1の配列
`rand(T, dims...)`	一様分布でランダムに初期化した配列
`randn(T, dims...)`	正規分布でランダムに初期化した配列
`fill(x, dims...)`	すべての値が`x`の配列
`fill!(A, x)`	配列`A`を値`x`で埋める
`similar(A, T, dims...)`	配列`A`と類似した配列
`reshape(A, dims...)`	配列`A`のサイズを変更する
`copy(A)`	配列`A`をコピーする
`deepcopy(A)`	配列`A`をコピーする `A`の要素も再帰的にコピーする

では，実際に使い方を以下で見てみよう。

```
# 値が初期化されていない配列
julia> Array{Float32}(undef, 3, 2)
3×2 Array{Float32,2}:
 2.54178e-29  0.0
 0.0          2.54179e-29
 1.30058e-30  0.0

# 0 で初期化
julia> zeros(Float32, 3, 2)
3×2 Array{Float32,2}:
 0.0  0.0
 0.0  0.0
 0.0  0.0

# 1 で初期化
julia> ones(Float32, 3, 2)
3×2 Array{Float32,2}:
 1.0  1.0
 1.0  1.0
 1.0  1.0

# 一様分布で初期化された配列
julia> rand(Float32, 3, 2)
3×2 Array{Float32,2}:
 0.873526  0.382867
 0.877397  0.947053
 0.847483  0.585007

# 正規分布で初期化された配列
julia> randn(Float32, 3, 2)
3×2 Array{Float32,2}:
  0.823896   0.031964
 -0.581803  -0.516795
  0.370334   0.438847

# 値を 1.1 で初期化
julia> fill(1.1, 3, 2)
3×2 Array{Float64,2}:
 1.1  1.1
 1.1  1.1
 1.1  1.1
```

```
# 配列と類似した配列（値は初期化されない）
julia> A = rand(Float32, 3, 2)
3×2 Array{Float32,2}:
 0.0835594  0.850846
 0.416933   0.383301
 0.509253   0.119968

julia> similar(A)
3×2 Array{Float32,2}:
 7.55244e-30  0.0
 7.00649e-45  2.67893e-33
 2.673e-33    0.0

julia> similar(A, Float64)
3×2 Array{Float64,2}:
 6.43348e-316  6.43348e-316
 4.44606e-316  7.7663e-316
 6.14607e-316  7.76737e-316

# 配列のサイズを変更
julia> A = rand(Float32, 3, 2)
3×2 Array{Float32,2}:
 0.980198  0.423395
 0.104183  0.448871
 0.889612  0.671101

julia> reshape(A, 2, 3)
2×3 Array{Float32,2}:
 0.980198  0.889612  0.448871
 0.104183  0.423395  0.671101
```

rand，randn 関数は，型を指定しない場合は Float64 型の配列を作成する。

similar(A, T, dims...) は，similar(A) の場合は A と同じ型とサイズの配列を返す。ただし，値は初期化されない。similar(A, T) の場合は，A と同じサイズだが，型が T である配列を返す。similar(A, T, dims...) は，dims で指定されたサイズで，型が T である配列を返す。

copy(A) は，配列 A をコピーするが，要素自体を再帰的にコピーすることはしない。要素が Int 型や Float64 型などのプリミティブ型であれば，copy(A)

で十分である。ただし，要素が複合型で，その中身も含めて完全にコピーしたい場合は，deepcopy(A) を使用する。

2.6.2 基本的な操作

Array 型に関する情報を取得する主要な関数を一覧にすると，**表 2.4** のようになる。

表 2.4 Array 型に関する情報を取得する主要な関数

関　数	概　要
eltype(A)	A の要素の型
length(A)	A の要素数
ndims(A)	A の次元の数
size(A)	A のサイズ
size(A,n)	n 番目の次元における A のサイズ
strides(A)	A のストライド（要素どうしが 1 次元配列上でいくつ離れているか）
stride(A,n)	n 番目の次元における A のストライド

具体的な使い方は以下のようになる。

```
julia> A = rand(Float32, 3, 2)
3×2 Array{Float32,2}:
 0.683818  0.156049
 0.415058  0.22103
 0.482984  0.928573

# 配列の要素の型
julia> eltype(A)
Float32

# 配列の要素数
julia> length(A)
6

# 配列の次元の数
julia> ndims(A)
2

# 配列のサイズ
```

```
julia> size(A)
(3, 2)

julia> size(A, 1)
3

# 配列のストライド
julia> strides(A)
(1, 3)

julia> stride(A, 2)
3
```

配列のサイズやストライドは，タプルとして一度に取得することができる。

2.6.3 インデクシング

配列の値を取得したり値を代入する操作は，以下のように行う。

```
julia> A = collect(reshape(1:9, 3, 3))
3×3 Array{Int64,2}:
 1  4  7
 2  5  8
 3  6  9

julia> A[3, 3] = -9;

julia> A[1:2, 1:2] = [-1 -4; -2 -5];

julia> A
3×3 Array{Int64,2}:
 -1  -4   7
 -2  -5   8
  3   6  -9
```

collect は，コレクションの要素を集めて配列にする関数である。上記の例では，1 から 9 までの値を 3×3 のサイズに変換して，それを Array 型に変換している。

要素の代入は，A[3, 3] = -9 のように，最初の次元のインデックスを i，つぎの次元のインデックス j として，[i, j] と指定する。次元の数が 3 以上の場合は，[i, j, k, ...] となる。

また，インデックスには整数だけでなく，範囲を指定することもできる。範囲は，`1:3`のようにコロンで区切ると，1から3までの整数を表す。ちなみに，`1:3`は`UnitRange{Int64}`型のオブジェクトである。

2.6.4 多次元配列の演算

Juliaの配列は，基本的な四則演算を備えている。`Array`型の`A`と`B`，スカラー`c`に対して，**表2.5**のような演算が提供されている。

表2.5　Juliaの基本的な四則演算

式	概　要	式	概　要
A + B	AとBの加算	A * c	Aとcの乗算
A - B	AとBの減算	A / B	AとBの行列の右除算
A * B	AとBの行列の乗算	A \ B	AとBの行列の左除算

また，配列の要素どうしの演算を行うドット演算子も用意されている（**表2.6**）。

表2.6　Juliaのドット演算子

式	概　要	式	概　要
A .+ B	AとBの要素単位の加算	A .* B	AとBの要素単位の乗算
A .+ c	Aとcの加算	A .* c	Aとcの乗算
A .- B	AとBの要素単位の減算	A ./ B	AとBの要素単位の除算
A .- c	Aとcの減算	A ./ c	Aとcの除算

行列の加算は，AとBのサイズが同じであれば，`A + B`と`A .+ B`の結果は同じである。減算も同様である。ただし，`A .+ B`は，AとBのサイズが異なる場合にも適用できることがある。詳細は2.6.5項で説明する。

また，`A * B`は行列積になるが，`A .* B`は要素どうしの積となる。行列の除算も同様である。`A * B`は，Aの列数とBの行数が同じでないと実行時エラーとなる。`A .* B`や`A ./ B`は，AとBのサイズが異なっていても適用できる場合がある。

2.6.5 ブロードキャスティング

ブロードキャスティングとは，サイズが異なる配列どうしの演算を効率的に実行する仕組みである。

例えば，100×100 の行列 A のすべての要素に対して 1 を加算したい場合，以下のように，すべての要素が 1 である 100×100 の行列 B を作成して加算するのは非効率である。

```
julia> A = rand(Float32, 100, 100);

julia> B = ones(Float32, 100, 100);

julia> A + B;
```

代わりに，ブロードキャスティングを利用すると以下のようになる。

```
julia> A = rand(Float32, 100, 100);

julia> A .+ 1;
```

また，例えば 3×3 の行列 A の各行に，1×3 の行ベクトルを加算する場合も，以下のようにブロードキャスティングを利用できる。

```
julia> A = rand(Float32, 3, 3)
3×3 Array{Float32,2}:
 0.0733547  0.894211  0.686977
 0.990656   0.331175  0.255013
 0.513675   0.712095  0.326443

julia> B = ones(Float32, 1, 3)
1×3 Array{Float32,2}:
 1.0  1.0  1.0

julia> A .+ B
3×3 Array{Float32,2}:
 1.07335  1.89421  1.68698
 1.99066  1.33118  1.25501
 1.51368  1.7121   1.32644
```

上記の例では，B のサイズは 1×3 であるが，A のサイズである 3×3 に自動的に拡張されて加算が実行される。

サイズの異なるすべての配列どうしに対してブロードキャスティングが実行できるわけではない。ブロードキャスティングができる条件は

- 配列どうしの各次元の大きさが同じ

あるいは

- 次元の大きさが異なる場合，片方のサイズが1

のどちらかの場合に限られる。次元数が異なる場合は，必ず片方のサイズが1なので，その次元はもう片方の次元の大きさに自動的に拡張される。

ブロードキャスティングを行う関数として，`broadcast` 関数と `broadcast!` 関数が用意されている。実際に，先ほどの `A .+ B` という演算は，以下の `broadcast(+, A, B)` と同じである。

```
julia> broadcast(+, A, B)
3×3 Array{Float32,2}:
 1.07335  1.89421  1.68698
 1.99066  1.33118  1.25501
 1.51368  1.7121   1.32644
```

`broadcast` 関数は，`broadcast(f, args...)` という構文になっており，関数 `f` と，`f` の引数 `args` を可変長引数として取る。また，`broadcast(f, args...)` 関数は，`f.(args...)` と簡潔に記述することができる。

つまり，ブロードキャスティングを行いたい場合，関数 `f(args...)` を `f.(args...)` と変更するだけで手軽にブロードキャスティングが行える。また，`args` は配列に限定されず，タプルなど他のコレクションにも適用可能である。これをドット演算と呼ぶ。

実際に具体例を示そう。まず，シグモイド関数 `sigmoid(x::Float64)` を以下のように定義する。

```
julia> sigmoid(x::Float64) = 1.0 / (1.0 + exp(-x));

julia> sigmoid(0.0)
0.5

julia> sigmoid(1.0)
0.7310585786300049
```

つぎに，配列の各要素にシグモイド関数を適用したい場合，新たな関数を定義する必要はなく，以下のようにドット演算を使用すればよい。

```
julia> A = rand(3, 2)
```

```
3×2 Array{Float64,2}:
 0.728853   0.906391
 0.979156   0.751698
 0.0831837  0.27633

julia> sigmoid.(A)
3×2 Array{Float64,2}:
 0.674553  0.712261
 0.726941  0.679549
 0.520784  0.568646
```

別の方法として，`map` 関数を使って `map(sigmoid, A)` とする方法もあるが，より簡潔なドット演算を使うのがよい。その他，ドット演算を使った効率的な関数の適用に関する詳細については，公式ドキュメンテーションを参照してほしい。

2.6.6 map，reduce，filter

配列の各要素に関数を適用して値を変換したり，集約したり，フィルタリングするには，`map`，`reduce`，`filter` などの関数を使用するのが便利である。

以下に具体例を示す。

```
julia> A = rand(3, 2)
3×2 Array{Float64,2}:
 0.960931  0.060832
 0.539808  0.975626
 0.468238  0.844246

julia> map(x -> x + 1.0, A)
3×2 Array{Float64,2}:
 1.96093  1.06083
 1.53981  1.97563
 1.46824  1.84425

# すべての要素の積
julia> reduce(*, A)
0.01216977286043304

julia> filter(x -> x < 0.5, A)
2-element Array{Float64,1}:
```

```
 0.46823761063282876
 0.060831976367104135
```

これらの関数の多くは，map(f, A) というように，最初の引数が関数 f となっており，二つ目以降の引数が配列などのコレクションになる。関数 f は，map 関数であれば，コレクションの要素を変換する関数であり，reduce 関数であれば，コレクションの要素を集約するための関数で，filter 関数であれば，コレクションの要素に対する条件評価を行う関数である。

ほかにも，配列や，それ以外のコレクションに対する変換や集約などを行う関数が用意されているので，詳細は公式ドキュメンテーションを参照してほしい。

2.6.7 サ ブ 配 列

サブ配列（subarray）は，その名のとおり，配列の一部を表すためのオブジェクトである。具体的には，以下のように，view 関数を使って，配列からサブ配列を作成することができる。

```
julia> A = rand(3, 3)
3×3 Array{Float64,2}:
 0.301083  0.774362   0.156027
 0.512261  0.0201651  0.642386
 0.466247  0.0980604  0.623412

julia> view(A, 1, 2:3)
2-element view(::Array{Float64,2}, 1, 2:3) with eltype Float64:
 0.7743618837810791
 0.1560274928622034

julia> view(A, 1:2, :)
2×3 view(::Array{Float64,2}, 1:2, :) with eltype Float64:
 0.301083  0.774362   0.156027
 0.512261  0.0201651  0.642386
```

view 関数は，配列とインデックスからサブ配列を作成する関数である。最初の例では，配列 A の一つ目の次元の 1 と，二つ目の次元の 2:3 というインデックスからサブ配列を作成している。つぎの例の : は，A の該当する次元の全要素のインデックスを表す。

`A`から作成したサブ配列は，`A`への参照とインデックスの情報を持ち，値を直接保持しているわけではない。したがって，`A`の中身が変更されると，それに応じてサブ配列の値も変更される。

サブ配列の利点は，参照情報しか持たないため，巨大な配列から一部を取り出すような状況でも，非常に効率的であるという点である。また，Juliaの配列に関する多くの関数はサブ配列にも対応しているため，巨大な配列の一部を一時的に取り出して計算を行う場合には，サブ配列を使うとよい。ただし，現在の計算機による配列のコピー操作は，一般に非常に高速であるため，巨大な配列を扱うのではない限り，サブ配列を作成するよりも，通常のインデクシング（例：`A[1, 2:3]`）で新たな配列を作成してしまうほうが高速であることも多い。このあたりは，実際に計測してパフォーマンスを確かめてみるのがよいだろう。

2.7 モジュール

あるプロジェクトのソースコードが大きくなってくると，意図せず同じ名前を別々のものに付けてしまうことがある。このような事故を名前の衝突と呼ぶ。名前の衝突は，名前空間（namespace）を使うことで回避できる。名前空間とは名前（識別子）を分割して管理するための空間であり，同じ名前であっても名前空間が別ならば，衝突せずに共存できる。

Juliaのパッケージは，それぞれのパッケージが固有の名前空間を持つことでパッケージ間の名前の衝突を回避している。したがって，パッケージを利用する上でも開発する上でも，Juliaの名前空間を理解することは必須である。

2.7.1 モジュールの機能

Juliaには，名前空間として機能するモジュール（module）というオブジェクトがある。あるモジュールの名前空間に属する名前は，そのモジュール名を通して参照できる。例えば，`A`というモジュールの中に`foo`という名前の関数があったとしよう。`A`モジュールが定める名前空間の外では`foo`関数を直接参照できないが，`A.foo` と書くことでモジュール名を通して間接的に参照できる。現在のJuliaには，モジュール内の大域的な名前をモジュール外から参照不可能にする方法は用意されていないので，すべての名前はそのモジュールの外からも参照できる。

Juliaのコードは，つねにモジュールに関連付いた名前空間の中で実行される。例えばREPLを起動して `gcd(12, 8)` と入力すると，12と8の最大公約数が計算できるが，このときJuliaは `Main` というデフォルトで存在するモジュールの名前空間から，`gcd` という名前に対応する関数を探し出し，その関数を呼び出している。コードの現在位置でどのモジュールが有効になっているかは，以下のように `@__MODULE__` マクロで確認できる。

```
julia> @__MODULE__
Main

julia> gcd(12, 8)  # gcd は Main モジュールの名前空間から取得する
4
```

現在のモジュールの名前空間に名前を追加するには二つの方法がある。一つ目の方法は，現在のモジュールで新しい名前を定義する方法である。本書ですでに説明した関数やグローバル変数の定義はこの方法にあたる。二つ目の方法は，すでにある他のモジュールから現在のモジュールに名前を取り込む方法である。この方法は2.7.2項で説明する。

2.7.2　既存モジュールの利用

既存のモジュールから現在のモジュールに名前を取り込む方法を説明する。この方法は，Juliaの標準ライブラリやパッケージを利用するときの方法でもある。

Juliaの標準ライブラリにある `Statistics` モジュールを例に説明しよう。`Statistics` モジュールは，その名前が示すとおり統計処理関係の関数を提供する。そのうちの一つである `mean` 関数は，与えられた配列の平均値（mean）を計算する関数である。また，`std` 関数は与えられた配列の標準偏差（standard deviation）を計算する関数である。

Statistics モジュールから提供されている関数名を現在のモジュールに取り込むには，using 文を使うのが一般的である。using 文は以下に示す using Statistics のように，対象のモジュール名を指定して呼び出す。

```
julia> mean([1, 2, 3])  # はじめは mean という名前の関数は存在しない
ERROR: UndefVarError: mean not defined
Stacktrace:
 [1] top-level scope at none:0

julia> using Statistics  # mean などの関数名を取り込む

julia> mean([1, 2, 3])     # 平均値を計算する mean 関数を呼び出す
2.0

julia> std([1, 2, 3])      # 標準偏差を計算する std 関数を呼び出す
1.0
```

using 文は，モジュール名に続くコロン（:）の後に取り込む名前を指定できる。以下に示すように，モジュールの提供する関数のうち，指定された名前のみが現在のモジュールに取り込まれる。

```
julia> using Statistics: mean

julia> mean([1, 2, 3])  # mean 関数は取り込まれている
2.0

julia> std([1, 2, 3])   # std 関数は取り込まれていない
ERROR: UndefVarError: std not defined
Stacktrace:
 [1] top-level scope at none:0
```

複数の名前を取り込むときには，using Statistics: mean, std のようにコンマで分けて指定する。取り込む名前のリストが長くなる場合には，コンマの後に改行を挿入して1行が長くなりすぎないように調整できる。

using 文では，モジュール自身を取り込むこともできる。例えば，using Statistics: Statistics を実行すると，mean や std といった関数は取り込まずに，Statistcs というモジュールのみを現在のモジュールに取り込む。先

述したように，モジュールの名前空間に属する名前にはそのモジュールを通して参照できるので，mean 関数などはつぎのように使用できる。

```
julia> using Statistics: Statistics

julia> Statistics.mean([1, 2, 3])  # モジュール名を通して mean 関数を参照する
2.0

julia> mean([1, 2, 3])  # 関数名だけでは参照できない
ERROR: UndefVarError: mean not defined
Stacktrace:
 [1] top-level scope at none:0
```

2.7.3　using 文の注意点

using 文はモジュールから自動的に名前を取り込む便利な機能ではあるが，取り込む名前を指定せずに実行すると，意図しない名前も取り込んでしまうことがある。例えば，using Statistcs を実行すると，分散を計算する var 関数も取り込まれるが，このことは Statistics モジュールを定義しているソースコードを読まない限りわからない。このような暗黙の動作は REPL などで簡単な計算をする場合には問題になりにくいが，ソースコードを他者と共有する際には混乱の元になり得る。ソースコードを読みやすくするためには，using 文を使う際に取り込む名前も指定することが推奨される。

なお，using 文と機能が似たキーワードとして import 文がある。import 文は using 文と異なり，モジュールから暗黙的に名前を取り込まない。多重ディスパッチに関わる両者の動作の違いについては，2.7.7 項で説明する。

2.7.4　新しいモジュールの定義

ユーザは新しいモジュールを自分で定義できる。モジュールの定義は，module キーワードを用いる。モジュールの名前は慣習として大文字で始める。構造体の定義や if 文などと同様にモジュールの定義は end キーワードで終えるが，慣習として module と end の間ではインデントを行わないことが多い。

```
module モジュール名  # モジュール定義の開始
# ...
# モジュールのコード（インデントしない）
# ...
end  # モジュール定義の終了
```

module から end の間に書かれたソースコードで定義される名前は，現在定義しているモジュールの名前空間に属する。したがって，それ以前に同名の関数やグローバル変数を定義していたとしても，上書きされることはない。逆に，現在定義しているモジュール外の名前にも（一部の例外を除き）参照できないので注意が必要である。また，module と end の間では，@__MODULE__ マクロは現在定義中のモジュールを返すようになる。

つぎの例は，REPL で簡単なモジュールを定義する例である。定義された Greeting モジュールは，その中に hello という関数を持つ。モジュール内の名前には Greeting.hello のようにモジュール名を通して参照できる。

```
julia> module Greeting
       hello(name) = println("Hello, $(name).")
       end
Main.Greeting

julia> Greeting.hello("Julia")
Hello, Julia.
```

2.7.2 項では using 文を使って他のモジュールから現在のモジュールに名前を取り込めることを説明した。このとき，どの名前が取り込まれるかは，モジュール定義のときに指定する。export 文は，モジュール定義の中で使い，そのモジュールが using 文で読み込まれたときに取り込む名前を指定する。例えば using 文を実行したときに foo 関数を取り込むようにしたければ，export foo とモジュール定義内に記述する。複数の名前を指定するときは名前をコンマで分けて指定するか，必要な数だけ export 文を実行する。

using Statistics を実行すると mean や std などの関数名が現在のモジュールに取り込まれることはすでに見たが，じつはこれらの関数名は export 文を使って Statistics モジュールからエクスポートするように指定されている。

つまり，export mean, std のようなコードが Statistics モジュールの定義に書かれている。

つぎのモジュール定義の例を見てほしい。モジュール定義の開始後に export 文を実行して，hello という名前をエクスポートしている。export 文は module と end の間であれば，どこに書いてもよい。エクスポートされた hello は，using Greeting を実行したモジュールに暗黙的に取り込まれる。

```
module Greeting
export hello
hello(name) = println("Hello, $(name).")
goodbye(name) = println("Goodbye, $(name).")
end
```

上の Greeting モジュールの内部では，goodbye という関数も定義されているが，こちらの名前はエクスポートするように指定されていない。そのような名前は，using 文を実行しても暗黙的には取り込まれない。しかし，Greeting.goodbye のようにモジュール名を経由することで，エクスポートされていない名前でもつねに参照できる。

モジュールの定義は入れ子にもできる。つぎのコード例は，A モジュールの中で B1 と B2 モジュールを定義する例である。モジュールの定義では通常インデントをしないが，ここでは見やすさのためにあえてインデントを付けた。B1 と B2 は A を共通の親モジュールとして持つ姉妹モジュールである。

```
module A
    module B1
        # A.B1 モジュール
    end
    module B2
        # A.B2 モジュール
    end
end
```

子モジュールや孫モジュールはその親を通して参照できる。例えば上の B1 モジュールは，A.B1 のように親である A モジュールを通して参照可能である。モジュール内の名前についても同様である。したがって，B1 モジュールに foo という関数があれば，A.B1.foo のように参照できる。

2.7.5 モジュールの相対パス指定

using 文や import 文で指定されたモジュール名は，基本的に LOAD_PATH という変数に収められたプロジェクトやパスから検索される。この仕組みについては 2.11 節で詳細に説明するとして，ここではより簡単な相対パスによるモジュールの指定方法を説明する。

module 文を使って定義した直後のモジュールは，以下のように using 文を使って読み込もうとしても失敗する。これは，using Greeting が LOAD_PATH から Greeting というモジュール名を探し出そうとするからである。

```
julia> module Greeting
       export hello
       hello(name) = println("Hello, $(name).")
       end
Main.Greeting

julia> using Greeting  # モジュールの検索に失敗する
ERROR: ArgumentError: Package Greeting not found in current path:
- Run `import Pkg; Pkg.add("Greeting")` to install the Greeting package.
```

REPL で定義した直後のモジュールは using 文で読み込める場所にインストールされているわけではないので，現在のモジュールからの相対パスで読み込む必要がある。モジュールの相対パスは，以下のようにドット（.）で始まるパスである。

```
julia> using .Greeting  # 相対パスによる読込み

julia> hello("Julia")
Hello, Julia.
```

.ModuleName は自分の子モジュールを指定する相対パスである。上の例では，.Greeting で Main モジュールの子モジュールである Greeting モジュール（すなわち Main.Greeting）が指定されている。

親モジュールの子モジュール（すなわち姉妹モジュール）や，それより祖先の子モジュールを相対パスで指定するには，ドットを必要な分だけ重ねる。..ModuleName や ...ModuleName といった具合である。つぎの例で，入れ子になった（ネストした）モジュールの相対パスの指定方法を確認されたい。

```
module A
    module B1
    end
    using .B1  # 自分（A）の子（B1）を読み込む
    module B2
        using ..B1 # 自分（B2）の親（A）の子（B1）を読み込む
    end
end
```

2.7.6　ファイルの分割

モジュールを定義すると，そのソースコードが非常に長くなることがある。ソースコードが長くなると管理が難しくなるため，適当な単位で分割して管理するとよい。Julia では，include 関数を使ってモジュールを複数のファイルに分けて定義できる。

include 関数はソースコードのファイルを取り込む関数である。include 関数にファイルパスを渡すと，その中身を Julia のコードとして評価する。つまり，include 関数を呼び出した位置にファイルの中身が展開されたようになる。例えば，つぎのように file1.jl から file3.jl までの三つのファイルから構成されるモジュールを定義できる。

```
module Foo
include("file1.jl")
include("file2.jl")
include("file3.jl")
end
```

ファイルの取込みには絶対パスも使用できるが，通常ソースコードのファイルはプロジェクト単位で管理されるので，絶対パスを使うとプロジェクトの移動により正しくファイルが読み込めなくなる恐れがある。したがって，include 関数には，その関数を呼び出したファイルを収めたディレクトリからの相対パスを指定するのが一般的である。例えば，上の Foo モジュールの定義が絶対パスで /path/to/Foo.jl というファイルに収められているとしよう。すると，include("file1.jl") は /path/to/file1.jl というファイルを取り込むことになる。

include 関数でファイルパスを指定する際には，パスの区切り文字としてつねにスラッシュ（/）を使う。これは，Windows のようにパスの区切り文字にバックスラッシュ（\）を使うシステムでも同様である。また，include 関数は REPL でも使用できる。REPL 内で呼び出すと，include 関数に渡されたファイルパスは現在のディレクトリからの相対パスとして解釈される。

2.7.7 他のモジュールで定義された関数の拡張

Julia は多重ディスパッチを中心としたプログラミング言語であり，あるモジュールで定義された関数をその外から拡張する機能を持っている。この機能を使うと，演算子†を自分で定義したデータ型にも適用できるよう拡張したり，for 文で用いられるイテレータを実装したりできる。

他のモジュールで定義された関数名を現在のモジュールに取り込む方法には，using 文を使う方法と import 文を使う方法がある。両者には 2.7.3 項で説明した違いに加えて，using 文では取り込んだ関数の拡張ができないのに対し，import 文では拡張できるという重要な違いがある。

つぎの例は，ユーザが定義した Vec3 型に対して length 関数を呼び出せるように拡張している例である。このとき，using 文ではなく import 文を使っていることに注目してもらいたい。import 文を使って length 関数を Base モジュールから取り込むことで，長さを計算する操作を Vec3 型にも拡張できる。もしこれが import Base: length でなく using Base: length であったら，length 関数に新しいメソッドを追加できない。

```
# 長さが 3 に固定されたベクトルの定義
struct Vec3{T} <: AbstractVector{T}
    x::T
    y::T
    z::T
end
```

† Julia では演算子も関数である。

```
# length関数をBaseモジュールから拡張するために取り込む
import Base: length
length(v::Vec3) = 3
```

他モジュールの関数を拡張するには，import 文を使う以外にもう一つ方法がある。上の例で，import Base: length を実行せずに，メソッド定義を Base.length(v::Vec3) = 3 としても Base モジュールの length 関数に新しいメソッドを追加できる。この書き方はどのモジュールの関数を拡張しているかがひと目でわかるので，import 文を使わずにこの書き方を用いることも多い。

2.8 メタプログラミング

メタプログラミング（metaprogramming）とは，プログラムを使ってプログラミングをする手法である。プログラムを使ったコードの生成や書換えなどがメタプログラミングとみなされる。Julia 以外のプログラミング言語では，Lisp のマクロや Python のデコレータなどがメタプログラミングの例である。

Julia はメタプログラミングを比較的多用する言語であり，標準ライブラリを含む多くのライブラリで日常的に使われている。メタプログラミングを使うことで，複雑なコードを実行時に生成したり，冗長なコードの反復を回避できる。

本節で解説する Julia のメタプログラミング機能の中で，最もよく目にするのはマクロ（macro）だろう。@assert など @ 記号から始まるものはマクロの呼出しである。マクロ呼出しは，受け取った Julia のコードをオブジェクトや別のコードへと書き換える。

r"\d+" のように正規表現などで見られる非標準文字列リテラル（non-standard string literal）もしばしば使われる。この非標準文字列リテラルはマクロの一種であり，受け取った文字列をオブジェクトや別のコードへと変換する。

メタプログラミングは通常のプログラミングとはやや異なった考え方をするので初見では理解しづらい部分もあるだろう。しかしながら，メタプログラミングをよく理解すれば，一段階高いレベルからプログラミングをできるようになる。

2.8.1 シンボル

シンボル（symbol）とは，Juliaで取り扱うデータ型の一種で，処理系の内部で使われる名前（識別子）に対応する。例えば，fooという変数をソースコードで使用すると，そのコードを構文解析したときにfooという名前のシンボルが処理系の内部に作られる。普段のプログラミングではシンボルをデータとして使う機会はそれほど多くないが，メタプログラミングではシンボルを多用するためここで解説する。

シンボルの型名はSymbolである。シンボルのオブジェクトは以下に示す:fooのように名前の前にコロンを付けることで作成できる。

```
julia> :foo
:foo

julia> typeof(ans)
Symbol
```

シンボルは，以下のようにSymbol型のコンストラクタを呼び出して作ることもできる。コンストラクタの引数は文字列や数値，他のシンボルなどを渡すことができ，それらを結合した名前のシンボルが作られる。

```
julia> Symbol("foo")
:foo

julia> Symbol("foo", :bar, 9)
:foobar9
```

シンボルには，同じ名前を示すオブジェクトは一つしか作られないという特徴がある。したがって，:fooと書いてシンボルを作っても，Symbol("foo")と書いてシンボルを作っても，両者は区別不可能な同一のオブジェクトである。このことはつぎのようにオブジェクトの同一性を確認する===演算子で確認できる。

```
julia> :foo === Symbol("foo")
true
```

2.8.2 構文木の表現

REPLに入力されたコードやファイルに保存されたコードは単なる文字列で

あるが，コードはJuliaの処理系に読み込まれると構文解析され，抽象構文木(abstract syntax tree，AST）と呼ばれる木構造をしたデータ構造に変換される。抽象構文木は単に構文木とも呼ばれる。

構文木はJuliaのオブジェクトとして扱える。`:(` と `)` でJuliaのコードを囲むと，Juliaの処理系はそのコードを実行せずに構文木をオブジェクトとして取り出す。この操作をクォート（quote）と呼ぶ。例えば，`2x + 1` というJuliaのコードがあったとき，コードをクォートすると以下のように構文木を取り出せる。

```
julia> ex = :(2x + 1)
:(2x + 1)
```

1行の単純なコードのクォートは `:()` を用いるが，複数行からなるコードをクォートするには `quote` キーワードを使う。`quote` と `end` で囲まれた部分のコードは，`:(` と `)` で囲んだコードと同じようにクォートされる。

整数や文字列などのリテラルを除けば，構文木は `Expr` 型で表現されるオブジェクトである。この型名は式を意味する"expression"の短縮形である。`Expr` 型のオブジェクトには `head` フィールドと `args` フィールドがあり，`head` フィールドが構文木の種類を表し，`args` フィールドがその構成要素を保持している。

つぎの例を見てみよう。先ほど作った `2x + 1` という計算式の内部構造を `dump` 関数で観察している。この構文木の `head` フィールドは `:call` というシンボルが収められており，構文木が関数呼出しであることを意味している。`args` フィールドには三つの要素が収められており，1要素目が `:+` シンボル，2要素目が `2x` に対応する別の構文木，3要素目が整数1のリテラルである。

```
julia> dump(ex)
Expr
  head: Symbol call
  args: Array{Any}((3,))
    1: Symbol +
    2: Expr
      head: Symbol call
      args: Array{Any}((3,))
        1: Symbol *
```

```
        2: Int64 2
        3: Symbol x
    3: Int64 1
```

この構文木をもう少し詳しく説明しよう。関数呼出しの構文木では，args フィールドの最初の要素が呼び出す関数名になる。2x + 1 では，:+ がそれにあたるので，+ 関数を呼び出すことを意味する。args の残りのフィールドは，その関数の引数を意味する。つまり，上記の構文木が意味するところは，2x と整数リテラル 1 を引数として，+ 関数を呼び出すということである。同様にして，2x にあたる構文木も，整数リテラル 2 と変数 x を引数として * 関数を呼び出すことを意味している。2x は 2 * x の糖衣構文[†1]であることを思い出してほしい。

先の例では関数呼出しを意味する構文木しか登場しなかったが，これ以外にもさまざまな種類の構文木がある。例えば，以下に示す x = 10 というコードの構文木を見ると，head フィールドは :(=) という等号のシンボルである。この構文木は，予想されるとおり変数の代入や定義を意味する。

```
julia> dump(:(x = 10))
Expr
  head: Symbol =
  args: Array{Any}((2,))
    1: Symbol x
    2: Int64 10
```

Julia のコードと構文木の対応を探るには，dump 関数の結果を観察するのが最も有効である。さまざまなコードについて，その構文木の構造を dump 関数で確認してほしい。実際，どんなに複雑なコードであっても，正しく構文解析できるものはすべて Expr 型の構文木で表現できる。すべての構文木を詳しく説明するのは本書の範囲を超えるので，詳細については公式マニュアルの一覧[†2]を参照してほしい。

[†1] 同じ意味を持つ構文上の別の表現のことである。

[†2] https://docs.julialang.org/en/v1/devdocs/ast/

2.8.3 構文木の補間

クォートで作られた構文木には，別の構文木やリテラルを埋め込める。このことを，補間（interpolation）と呼ぶ。構文は，文字列の補間と同じように `$` 記号を使う。例えば `2x + $(ex)` なら，つぎのように `$(ex)` の部分が変数 `ex` に保持されている別のリテラルや構文木に置き換えられる。

```
julia> ex = 1;

julia> :(2x + $(ex))  # 整数リテラルの補間
:(2x + 1)

julia> ex = :(3y + 1);

julia> :(2x + $(ex))  # 構文木の補間
:(2x + (3y + 1))
```

文字列の補間の場合と同様，変数に保持された構文木やリテラルを補間する場合には `$(ex)` の代わりに `$ex` とも書ける。また，`$(func(ex))` のように関数を適用した結果で補間することも可能である。

補間するものがシンボルの場合にはやや注意が必要である。上の例で `ex` が `:y` のようなシンボルを保持している場合，`$(ex)` の結果は `:y` ではなく `y` になる。メタプログラミングにおいては，シンボルは変数などの識別子として使われることがほとんどなので，シンボルのリテラルでなく識別子として補間されるほうが利便性が高い。シンボルのリテラルとして補間する必要がある場合には，以下のように `QuoteNode` でクォートする。

```
julia> ex = :y;

julia> :(2x + $(ex))  # シンボルの補間
:(2x + y)

julia> :(2x + $(QuoteNode(ex)))  # クォートを挿入
:(2x + :y)
```

2.8.4 構文木の評価

構文木は `eval` 関数で評価（evaluation）できる。評価とは，構文木を実行し，その結果を得ることである。eval 関数は構文木を引数として受け取り，現在のモジュールでその構文木を実行し，結果を返す。つぎの例では式 2x + 1 から作られた構文木を Main モジュールで評価している。変数 x は 10 に束縛されているので，2 * 10 + 1 を計算していることになる。

```
julia> x = 10;

julia> eval(:(2x + 1))
21
```

評価はつねにモジュールのグローバルスコープで行われることに注意しなければならない。例えば，関数の中で eval 関数を呼び出し，構文木の評価を行ったとしても，その構文木はローカルスコープにある変数とは干渉しない。つぎのコードと結果を見てほしい。

```
julia> function test()
           x = "local"
           eval(:(x = "global"))
           println(x)
       end
test (generic function with 1 method)

julia> test()
local

julia> x
"global"
```

test 関数の最初に書かれている x = "local" は関数内のローカル変数 x を定義しているが，つぎの行の eval 関数に渡された x = "global" は Main モジュールで実行されてグローバル変数 x を定義するので，ローカル変数 x を上書きすることはない。また，test 関数を呼び出して定義されたグローバル変数 x は，関数の外からでも参照可能である。

eval 関数を使えば，簡単で便利なメタプログラミングが可能になる。例えば，ビットフラグを持つ 3 個の定数を導入するのに，つぎのように for 文と eval 関数を使って記述できる。

```
julia> for (i, name) in enumerate([:A, :B, :C])
           eval(:(const $(Symbol(:FLAG_, name)) =
                      $(UInt16(1) << (i - 1))))
       end

julia> FLAG_A, FLAG_B, FLAG_C
(0x0001, 0x0002, 0x0004)
```

eval 関数と同様の機能を提供する @eval マクロも，このようなメタプログラミングに便利である。@eval マクロは与えられたコードをクォートし，その結果を eval 関数で評価する。したがって，eval 関数では必要なクォートを省略できる。先の例でいえば，for 文の中身を変えてつぎのように書ける。

```
for (i, name) in enumerate([:A, :B, :C])
    @eval const $(Symbol(:FLAG_, name)) = $(UInt16(1) << (i - 1))
end
```

実際のプログラミングでも，上記の eval 関数や @eval マクロを使ったメタプログラミングはしばしば使われる。最初は複雑に思えるかもしれないが，コードをより簡潔に記述できるので，管理のしやすさにもつながる。

2.8.5 マクロの機能

マクロ（macro）は与えられたコードを別のコードに変換してから実行するための仕組みである。ここまでにも何度も登場したことからもわかるように，Juliaでは頻繁に使われる重要な機能である。マクロを使うときには，関数のようにマクロを呼び出すが，その構文は関数呼出しとは異なり @ 記号で始まる。Juliaの処理系がマクロ呼出しに渡されたコードを変換して別のコードに置き換える処理をマクロの展開（expansion）と呼ぶ。

展開の結果は，@macroexpand マクロを使って確認できる。@macroexpand マクロは，与えられた式にあるマクロ呼出しを展開した構文木を返す。例えば，条件が満たされるかを確認する @assert マクロの呼出しを展開した結果は，以下のような if 文を含む式になる。

```
julia> @macroexpand @assert x > 0
:(if x > 0
```

```
        nothing
    else
        (Base.throw)((Base.AssertionError)("x > 0"))
    end)
```

マクロ呼出しの展開は，コンパイルのかなり早い段階で行われる。展開はJuliaのコンパイラがソースコードを構文解析した直後に行われる。したがって，マクロは処理するコードの識別子がどのような型や値になるかについてまったく関知せずに，構文木のレベルでのみコードの変換をする。この点については，2.8.7項，2.8.8項でもう少し詳しく説明する。

マクロの呼出しには`@macro(ex1, ex2, ex3)`のように括弧を用いる呼出し方と，`@macro ex1 ex2 ex3`のように括弧を用いない呼出し方がある。両者は構文解析の仕方が違うだけで機能に差はない。慣習として，必要がなければ括弧は省略する書き方をすることが多い。

括弧を省略した場合に構文解析がどのように行われるかはやや複雑であるので詳細は省略するが，おおむね渡される引数の数が最小になるように動作する。例えば，`@macro x + y`は引数三つの`@macro(x, +, y)`ではなく，引数一つの`@macro(x + y)`として解釈される。しかし`@macro x +`の場合は，`x +`を一つの式として成立させることができないので，`@macro(x, +)`として解釈される。このことはつぎのようにREPLで確認できる。

```
julia> :(@macro x + y) == :(@macro(x + y))
true

julia> :(@macro x +) == :(@macro(x, +))
true
```

括弧を省略するマクロ呼出しの構文は慣れるまでは少々難しく感じるかもしれないが，使っているうちに自然な動作と思えてくるだろう。

普通のコードを受け取るマクロのほかに，文字列のみを受け取るマクロも存在する。これらの特殊なマクロは，非標準文字列リテラル（non-standard string literal）と呼ばれている。非標準文字列リテラルであるマクロは，マクロ名が`_str`で終わり，通常の文字列の前に`_str`を除いたマクロ名を付けて呼び出せる。例えば，@macro_strというマクロは，macro"..."のように呼び出せる。この種のマクロは，おもに特定のオブジェクトのリテラルを定義するのに使われる。正規表現のリテラルは，この一例である。

2.8.6 標準ライブラリにあるマクロ

Juliaの標準ライブラリで用意されているマクロは，多種多様な機能を持つ。以下では，マクロの目的別につぎの4種類に分けた。

- コンパイラへのヒント：@inbounds，@inline，@fastmathなど
- 構文の拡張：@assert，@enum，@viewなど
- 開発の補助：@less，@time，@code_typedなど
- 特殊なリテラル：@r_str，@big_strなど

コンパイラへのヒントを出すマクロは，最適化などのヒントになる情報を構文木に特殊なデータを差し込むことでコンパイラへ渡すマクロである。例えば，@inboundsマクロは配列要素の参照が配列の有効な範囲に収まることをプログラマが保証するので，実行時に範囲のチェックを省いてもよいというヒントを与えるマクロである。@inlineマクロは関数を積極的にインライン化するべきというヒントを与える。@fastmathマクロは浮動小数点数の計算に関してIEEE 754の制約を超えて最適化することを許可するマクロである。

構文の拡張をするマクロは，プログラマが手で書くには面倒な処理を自動化するマクロである。例えば，@assertマクロは与えられた式の条件が成立するかどうかを実行時にチェックし，その条件が成立しなければAssertionError例外を送出する。@enumマクロはCのenum構文に相当する機能を提供する。@viewマクロはX[i,:]といった配列の一部をコピーする構文を，コピーではなくその部分の参照を作るようにする（2.6.7項で見たview関数のマクロ版）。

開発補助のためのマクロは，おもにREPLなどの対話型環境で用いられるマクロである。例えば，@lessマクロは関数呼出しの式を受け取って，呼び出されるメソッドのソースコードを表示する。@timeマクロは処理を受け取ってその実行にかかった時間やメモリ使用量を表示する。@code_typedマクロは関数

呼出しの式を受け取って，コンパイラによる型推論の結果を表示する。

特殊なリテラルを定義するマクロは，非標準文字列リテラルとして機能し，特定のオブジェクトを作るマクロである。例えば，`@r_str` マクロは正規表現のオブジェクトを作るのに使われる。`@big_str` マクロは `BigInt` 型や `BigFloat` 型などの可変長サイズの整数や浮動小数点数を作るのに使われる。`big"42"` と書けば `Int` 型ではなく `BigInt` 型の整数になり，`big"3.14"` と書けば `Float64` 型ではなく `BigFloat` 型の高精度な浮動小数点数になる，といった具合である。こうした特殊なリテラルは，コンパイル時に文字列を解釈して特殊なオブジェクトを作成できるという利点がある。

以上標準ライブラリにある代表的なマクロを紹介したが，動作の詳細についてはそれぞれのドキュメントを参照してほしい。

2.8.7 マクロの定義

Julia では，関数やデータ型と同様，ユーザが新しいマクロを定義できる。マクロの定義には，`macro` キーワードを使う。マクロ定義の構文は，つぎのように関数定義に似ている。

```
macro マクロ名(引数1, 引数2, ...)
    マクロ本体
end
```

マクロ名には，関数名と同様の名前が使える。マクロの引数には，呼出し側で与えられた構文木やリテラルが入る。マクロ本体では，Julia のコードを使って引数として与えられた構文木やリテラルを変換する。関数の戻り値と同様，`return` で指定された式かマクロ本体に書かれた最後の式がマクロによる変換結果となる。

マクロは展開時に名前の置換えを行う。非常に簡単なマクロを例に，この動作を確認してみよう。ここでは，計算式の最後に `+ 1` を付与するだけの `@plus1` マクロを定義してみる。例えば，`2x` が `2x + 1` に変換されるようなマクロである。試しに構文木の補間を使って，つぎのように定義したとする。

```
macro plus1(ex)
    :($(ex) + 1)
end
```

一見，問題ない定義にも思えるが，`@macroexpand` マクロを使って展開結果を確認してみると，以下のように想定とは異なる動作をする。

```
julia> macro plus1(ex)
           :($(ex) + 1)
       end
@plus1 (macro with 1 method)

julia> @macroexpand @plus1 2x
:(2 * Main.x + 1)
```

`@plus1 2x` を展開した結果，変数 `x` が `Main` モジュールのグローバル変数 `x` になっていることに注目してもらいたい。これはつまり，つぎのように関数定義の中で `@plus1 2x` と書いたとしても，変数 `x` は引数として与えられたローカル変数の `x` ではなく，グローバル変数の `x` になるということである。

```
test(x) = @plus1 2x  # 引数の x と 2x の x は異なる変数
```

Julia では，マクロの展開をするときに，デフォルトで式の中の識別子をマクロが定義されたモジュールのグローバル変数に置き換える。したがって，上の例では変数 `x` はマクロを定義した `Main` モジュールのグローバル変数 `Main.x` となった。これを防ぐには，`esc` 関数†を使って識別子がグローバル変数に変換されないようにする。`esc` 関数は，構文木にある識別子を別の識別子に置き換えず，そのままにする効果がある。つぎの例と比較して動作の違いを確認してほしい。

```
julia> macro plus1(ex)
           :($(esc(ex)) + 1)
       end
@plus1 (macro with 1 method)

julia> @macroexpand @plus1 2x
:(2x + 1)
```

† escape の略である。

2.8.8 識別子の変換規則

マクロ展開においては，識別子はグローバル変数に変換されるのがデフォルトの動作であったが，ローカル変数に変換される例外もある。この例外が適用されるのは，つぎのいずれかに該当するときである。

- `global` 宣言なしで代入されたとき
- `local` 宣言があるとき
- 関数定義の引数であるとき

一つ目の規則が実際のコードでは最もよく見られるケースだろう。例えば，マクロが返す構文木に `x = 0` という代入が含まれていたら，この変数 `x` はローカル変数となる†。`local x` のようにわざわざローカル変数と指定してある場合や，関数定義の引数のようにグローバル変数となり得ない場合にも，やはりローカル変数と解釈される。

ローカル変数と解釈された識別子は，マクロ展開時に新しい変数に置き換えられる。これはマクロ呼出し側にある別の識別子との衝突を避けるためである。このようなマクロ展開の仕方は，一般に衛生的（hygienic）マクロと呼ばれる。

ローカル変数を新しい変数に置き換える衛生的マクロの仕組みは一見奇妙にも思えるが，実践的な機能である。コードの実行時間をナノ秒単位で計測する `@time_ns` マクロを定義して，その効果を確認してみよう。`@time_ns` マクロはつぎのように定義できる。なお，`time_ns` 関数は標準ライブラリで用意されている現在の時間をナノ秒単位で取得する関数である。

```
julia> macro time_ns(ex)
           quote
               t1 = time_ns()
               val = $(esc(ex))
               t2 = time_ns()
               val, Int(t2 - t1)
           end
       end
@time_ns (macro with 1 method)
```

† なお，代入がグローバルスコープに展開された場合，正確にいえばこの変数はローカル変数ではなくグローバル変数であるが，他の場合と同じように衛生的マクロによる識別子の変換は受ける。

```
julia> @time_ns sum(randn(1000))  # 計算結果と実行時間のタプルを返す
(54.41236923918565, 121109679)

julia> @time_ns sum(randn(1000))  # 2回目以降は計算が高速になる
(36.775696407555316, 19837)
```

もし，時間を計測したいコード`ex`に`t1 = ...`のような代入があった場合，どうなるだろうか。衛生的マクロでなく，ローカル変数をそのまま維持するマクロだったとしたら，マクロ定義内のローカル変数`t1 = time_ns()`の結果を上書きしてしまうだろう。こうなると，目的の時間計測が不可能になってしまう。

マクロ定義中の`t1`，`t2`，`val`は，`global`宣言なしで代入されているので，前述の規則からローカル変数と解釈される。衛生的マクロではこれらのローカル変数は，つぎのように`#10#t1`などの奇妙な名前の新しいローカル変数に置き換えられる。結果的に，心配したようなローカル変数の衝突は発生しない。

```
julia> @macroexpand @time_ns sum(randn(1000))
quote
    #= REPL[1]:3 =#
    #10#t1 = (Main.time_ns)()
    #= REPL[1]:4 =#
    #11#val = sum(randn(1000))
    #= REPL[1]:5 =#
    #12#t2 = (Main.time_ns)()
    #= REPL[1]:6 =#
    (#11#val, (Main.Int)(#12#t2 - #10#t1))
end
```

ついでに，`time_ns`や`Int`は`Main`モジュールの`Main.time_ns`や`Main.Int`にそれぞれ変換されていることにも注目してもらいたい。また，`esc`関数でエスケープした`ex`内の識別子は変換されず，そのままになっていることにも注意してほしい。

最後に，マクロ内の識別子がいつどのように変換されるか，あるいは変換されないかをまとめて確認しておこう。マクロが返す構文木やリテラルに含まれる識別子はつぎのいずれかの経路をたどる。

- `esc`関数でエスケープされていれば，識別子は変換されずそのまま維持される。

- 代入，local 宣言，関数引数のいずれかであれば，新しいローカル変数が生成される。
- 上記のどれにも当てはまらない場合，マクロを定義したモジュールのグローバル変数に変換される。

2.9 C言語の呼出し

Juliaで書かれたプログラムは通常，十分高速であるが，それでもCで書かれた既存のソフトウェア資産を使いたい場合や，Juliaでは実現するのが難しいレベルのチューニングが施されたソフトウェアを使いたい場合がある。このようなとき，そのソフトウェアを動的リンクライブラリとしてビルドすることさえできれば，Juliaから使用するのは容易である。

本節では，Cで書かれたライブラリを想定して，それをJuliaから呼び出す方法を紹介する。Fortranで書かれたライブラリでもCの場合とほとんど同じである。したがって，Fortranのライブラリについては，公式のマニュアルに詳細を譲ることにする。

2.9.1 ccall 構文

Juliaには，Cの関数を呼び出すのに使う ccall という特別な構文が用意されている。ccall 構文は，つぎのように呼び出す。Cの関数，戻り値の型，引数の型，引数を取って関数を呼び出し，その戻り値を返す。引数の型はタプルで指定する。

```
ccall(Cの関数, 戻り値の型, 引数の型, 引数1, 引数2, ...)
```

例として，Cの標準ライブラリで定義されている sin 関数を呼び出してみよう。三角関数の一つである sin 関数は，倍精度（double）の浮動小数点数を引数に取り，同じく倍精度の浮動小数点数を返す関数である。これを ccall 構文で呼び出すには以下のようにする。

```
julia> ccall(:sin, Cdouble, (Cdouble,), 1.0)
0.8414709848078965
```

`ccall` 構文の最初の `:sin` は呼び出す関数である。C の標準ライブラリにある関数はこのように関数名のみを指定する。第 2 引数の `Cdouble` は，戻り値の型が C の `double` 型に対応することを意味している。この型は `Float64` 型の別名である。このように，C の型名に対応する `C` で始まる別名が C の関数の呼出し用に用意されていることが多い。`double` 型の別名は `Cdouble` で，`int` 型の別名は `Cint` といった具合である。第 3 引数の `(Cdouble,)` は，関数に渡す引数の型を指定するタプルである。ここでは，引数は一つしかないので 1 要素のタプルを渡している。第 4 引数の `1.0` が実際に C の関数へ渡される引数である。C の関数から返された値は，第 2 引数である `Cdouble` 型の値として Julia 側で解釈され，`ccall` 構文の評価値となる。

第 1 引数に渡す関数は，C の標準ライブラリや Julia のライブラリが定義する関数などの一部の関数では関数名だけ渡せばよい。しかし，それ以外の関数を呼び出す場合にはライブラリ名も必要になる。関数名とライブラリ名のペアは `(関数名, ライブラリ名)` のタプルで指定する。例えば，zlib ライブラリ[†1]の `compress` 関数なら，`(:compress, "libz")` のように指定する[†2]。ライブラリ名にはライブラリファイルへのパスも直接指定できる。

`ccall` 構文の第 4 引数以降の値は，第 3 引数に指定されたデータ型に変換されてから渡される。データ変換は `Base.cconvert` 関数で行われるが，ほとんどの場合 `convert` 関数の呼出しに委譲される。このように C の関数にデータを受け渡す際には，`ccall` 構文でデータの変換が起きるので，`ccall` 構文に指定した引数の型と実際の引数の型が厳密に一致している必要はない。上の例でいえば，`Int` 型の整数 `1` を引数とすると，以下のように `Cdouble` 型に変換されてから C の関数に渡されるので，浮動小数点数 `1.0` の代わりに整数 `1` を使って呼び出しても構わない。

---

†1 データ圧縮のライブラリ（`https://www.zlib.net/`）。
†2 zlib ライブラリのライブラリ名は libz であることに注意する。

```
julia> Base.cconvert(Cdouble, 1) isa Cdouble  # 引数の変換
true
```

関数の戻り値の型と引数の型は，呼び出すCの関数のマニュアルやヘッダーファイルに書かれた宣言（declaration）を見て決める必要がある。戻り値の型や引数の型を誤ると正しく呼び出せないことに注意されたい。一部の値で正しく動いているように見えても，他の値では予期しない動作をすることがあるので，`ccall` 構文に指定した型と宣言が合致しているかを事前によく確認してほしい。

Cの関数が戻り値を返さない（つまり戻り値が `void` 型の）関数のとき，`ccall` 構文では別名の `Cvoid` 型を使う。JuliaとCのデータ型の対応関係についての詳細は，公式マニュアル†に詳しい表があるのでそちらを参照してもらいたい。

`ccall` 構文にはもう一つ重要な注意点がある。`ccall` 構文は一見通常の関数呼出しのように見えるが，関数呼出しとは異なる特殊な構文である。したがって，`ccall` 自体を引数として別の関数に渡したりするなど値として扱うことはできない。

2.9.2 ポインタの受渡し

Cの関数には引数や戻り値としてポインタを使うものがある。例えばlibcの `getenv` 関数は環境変数の値を取得する関数であり，`char *getenv(const char *name)` と宣言されている。この関数は引数も戻り値も `char` 型へのポインタであり，末端がNULで埋められたCの文字列表現を想定している。Juliaにはこれに相当する `Cstring` という型が用意されており，与えられたJuliaの文字列（`String` 型など）を末端がNULで埋められたバイト列へのポインタに変換する。また，戻り値のポインタについては，`unsafe_string` 関数を使ってCの文字列表現からJuliaの文字列へと変換できる。以下に例を示す。

```
julia> ccall(:getenv, Cstring, (Cstring,), "HOME")  # 環境変数HOMEを取得する
Cstring(0x00007fff5c991b3d)
```

† https://docs.julialang.org/en/v1/manual/calling-c-and-fortran-code/

```
julia> unsafe_string(ans)  # ポインタから文字列を読み出す
"/Users/kenta"
```

getenv 関数は，存在しない環境変数を取得しようとすると NUL ポインタを返す。この場合，unsafe_string 関数は Julia の文字列を返すことができないので例外を投げる。

```
julia> ccall(:getenv, Cstring, (Cstring,), "NOTEXISTS")
Cstring(0x0000000000000000)

julia> unsafe_string(ans)
ERROR: ArgumentError: cannot convert NULL to string
```

unsafe_string 関数は NUL ポインタのような明らかな間違いがあればエラーとして認識できるが，正しく文字列を指さないポインタを渡された場合には，より深刻な問題を引き起こす可能性があるので注意が必要である。こうした関数には，特に注意を促すために unsafe_ という接頭辞が付いている。

C の文字列はポインタの例としてはやや特殊な例であったが，他のデータ型でも Julia と C の間で値へのポインタをやり取りできる。C の関数が int* や double[] のようなポインタ型を引数として受け取る場合には，Julia 側では Ref 関数で参照を作る。

まずは C を使わずに，Ref 関数だけで動作を確認しよう。Julia の値は Ref 関数でラップできる。ラップされた値を取り出すには，つぎのように [] を用いる。これをデリファレンス（dereference）と呼ぶ。

```
julia> x = Ref(0)  # 参照（リファレンス）の作成
Base.RefValue{Int64}(0)

julia> x[]  # デリファレンス
0

julia> x[] += 1  # 参照値の更新
1

julia> x[]  # デリファレンス
1
```

Ref 関数でラップした値は元の値への参照を表し，C 側に引数として渡されるときにポインタに変換される。最も簡単な例として，つぎのCで書かれた関数を呼び出してみよう。

```
// libinc.c
void inc(int* x) {
    *x += 1;
}
```

clangやgccなどのCコンパイラを使ってつぎのようにライブラリlibinc.soを作成し，`ccall`構文を使ってこの関数を呼び出してみよう。Julia側の値がCの関数で更新できることを確認してほしい。

```
shell> clang -std=c99 -shared -fPIC -o libinc.so libinc.c

julia> x = Ref{Cint}(0); x[]  # 参照のデリファレンス
0

julia> ccall((:inc, "./libinc.so"), Cvoid, (Ref{Cint},), x)

julia> x[]  # 値が1増えている
1
```

もう一つ簡単な例として，配列の受渡し方を紹介しよう。まずはつぎのような配列の総和を計算する関数を定義する。`double xs[]`は`double* xs`でもよい。引数`n`には配列の要素数を指定する。

```
// libsum.c
#include <stddef.h>

double sum(const double xs[], size_t n) {
    double s = 0;
    for (size_t i = 0; i < n; i++)
        s += xs[i];
    return s;
}
```

`ccall`構文で配列を受け取る際にも，先ほどと同じ`Ref`関数を使う。引数の型指定で`Ref{T}`と書くと，`T`型の値へのポインタを受け渡す。ただし，Juliaの配列はそれ自体が参照なので，先ほどのように配列を`Ref`関数で包む必要はない。具体的には，つぎのように`sum`関数を呼び出せる。

```
shell> clang -std=c99 -shared -fPIC -o libsum.so libsum.c

julia> xs = [1.0, 2.0, 3.0];

julia> ccall((:sum, "./libsum.so"), Cdouble, (Ref{Cdouble}, Csize_t), xs, length(xs))
6.0
```

2.9.3　構造体の受渡し

C の struct で定義された構造体と，Julia の struct や mutable struct で定義された複合型のメモリレイアウトには互換性がある。よって，C と Julia の構造体はたがいに受渡し可能である。

つぎのコードでは，2 次元上の座標を表す構造体と原点からの距離を計算する関数を定義している。

```
// libpoint.c
#include <math.h>

typedef struct {
    double x;
    double y;
} point2d_t;

double distance(point2d_t p) {
    return sqrt(p.x * p.x + p.y * p.y);
}
```

上のコードをコンパイルし，まったく同じレイアウトの構造体を Julia で定義すると，以下のように Julia の構造体を C の関数に渡して計算ができる。

```
shell> clang -std=c99 -shared -fPIC -lm -o libpoint.so libpoint.c

julia> struct Point2D
           x::Cdouble
           y::Cdouble
       end

julia> ccall((:distance, "./libpoint.so"), Cdouble, (Point2D,), Point2D(1, 2))
2.23606797749979
```

つぎのような点の位置を動かす関数を追加して，値を更新するケースも見てみよう。

```
void move(point2d_t *p, double dx, double dy) {
    p->x += dx;
    p->y += dy;
}
```

ポインタを受け取る関数の場合，前述のように Ref 関数で目的のオブジェクトをラップする。また，データの更新がある場合には，Point2D 型は mutable struct で定義しなければならない。Julia の REPL を再起動し，以下のように C のライブラリをコンパイルし直して move 関数を呼び出してみよう。

```
shell> clang -std=c99 -shared -fPIC -lm -o libpoint.so libpoint.c

julia> mutable struct Point2D
           x::Cdouble
           y::Cdouble
       end

julia> p = Point2D(0, 0)
Point2D(0.0, 0.0)

julia> ccall((:move, "./libpoint.so"), Cvoid, (Ref{Point2D}, Cdouble, Cdouble), Ref(p), 1, 3)

julia> p  # 座標が移動した
Point2D(1.0, 3.0)
```

2.10　外部プログラムの呼出し

すでにあるプログラムを有効活用すれば，プログラミングの労力を最小限に抑えて目的を達成できる。Julia には，すでにあるプログラムを Julia から呼び出して実行する機能が備わっている。本節では，コマンドの作成・実行の方法から解説を始め，パイプライン処理と発展的なコマンドの作成方法を続いて解説する。

2.10.1　コマンドの作成・実行

Julia で外部プログラムを使用するには，Perl や Ruby と同様にバッククォート（backquote）記号（`）を用いる。例えば，ls コマンドなら `ls` と記述する。Julia が Perl や Ruby と異なるのは，バッククォートで囲むだけではコマンドは実行されず，関数に渡して初めて実行されるという点である。

バッククォートでコマンドを囲むと，Cmd 型のコマンドオブジェクトが作成される。コマンドオブジェクトは，つぎのように run 関数に渡されると実行される。run 関数は実行したコマンドのプロセスを Process 型のオブジェクトとして返す。

```
julia> `ls`  # コマンドオブジェクトの作成
`ls`

julia> run(ans)  # コマンドの実行
foo.txt main.c
Process(`ls`, ProcessExited(0))

shell> ls
foo.txt main.c
```

コマンドを run 関数で実行すると，コマンドの標準出力はそのまま Julia の標準出力に出力される。Perl や Ruby のようにコマンドの標準出力を得る最も簡単な方法は，つぎのように read 関数を使う方法である。

```
julia> read(`ls`, String)  # 標準出力を文字列として取得
"foo.txt\nmain.c\n"
```

また，eachline 関数を使って標準出力を行ごとに処理できる。このように，Cmd 型のオブジェクトは他の関数と組み合わせて使用できるので柔軟性が高い。

```
julia> for line in eachline(`find . -type f`)
           @show line
       end
line = "./foo.txt"
line = "./main.c"
```

コマンドのプロセスからデータを受け取るだけでなく，プロセスに対して Julia からデータを渡すことも可能である。例えば起動したプロセスの標準入力に対して書込みを行いたい場合，つぎのように open 関数を使うことで書き込める。

```
julia> open(`wc -l`, "w", stdout) do output
```

```
        for _ in 1:10
            println(output, "hi!")
        end
    end
   10
```

コマンドはデフォルトで同期実行されるので，長時間かかるコマンドでもその終了まで待つことになる。

```
julia> @time run(`sleep 10`)
10.005384 seconds (56 allocations: 2.219 KiB)
Process(`sleep 10`, ProcessExited(0))
```

呼び出したプロセスが正常に終了しなかった場合には例外が送出される。

```
julia> run(`ls --option-not-exist`)
ls: illegal option -- -
usage: ls [-ABCFGHLOPRSTUWabcdefghiklmnopqrstuwx1] [file ...]
ERROR: failed process: Process(`ls --option-not-exist`, ProcessExited(1)) [1]
```

2.10.2 コマンド実行の注意点

Julia のコマンドは，一般的なシェル（shell）を経由せずに実行されることに注意しなければならない。したがって，POSIX†で定義されている一般的なシェルの機能は，バッククォート内に書いても使用できない。例を挙げると，パターンマッチに使われるアスタリスク（*）やパイプライン処理で使われるバー（|）はそのままコマンドの引数として扱われるので，`` `ls *.txt` `` や `` `find . -type f | wc -l` `` などは bash などのシェルとは異なった動作をする。

シェルの機能が必要な場合には，明示的にシェルを実行できる。例えば，POSIX に準拠している `bash` コマンドには `-c` オプションがあるので，これに実行したいコマンドの文字列を渡すと，つぎのようにシェルを経由してコマンドを実行できる。

```
julia> run(`bash -c 'ls *.txt'`);
foo.txt

julia> run(`bash -c 'find . -type f | wc -l'`);
       2
```

† macOS や Linux などのさまざまな OS で定められた API 規格の一種である。

2.10.3 パイプライン処理

パイプライン（pipeline）は複数コマンドの入力と出力を接続する機能である。すでにバッククォート内でシェルのパイプ機能を使うことはできないと説明したが，以下のように pipeline 関数を使うことで，シェルに頼らなくてもコマンドのパイプラインを構築できる。構築したパイプラインは，コマンドと同じように run 関数で実行する。

```
julia> pipeline(`cat main.tex`, `wc -l`)  # cat main.tex | wc -l に相当
pipeline(`cat main.tex`, stdout=`wc -l`)

julia> run(ans);
      54
```

pipeline 関数は三つ以上の引数を取ることもでき，コマンドの入出力は最初の引数から最後の引数まで接続される。例えば pipeline(cmd1, cmd2, cmd3) はシェルの cmd1 | cmd2 | cmd3 に相当する。

pipeline 関数にはコマンドの代わりに文字列を渡すことができ，文字列が与えられた場合にはファイルパスと解釈される。ファイルパスはコマンドの左側にあるときはコマンドへの入力となり，コマンドの右側にあるときはコマンドの出力を受け取ってファイルに保存する。pipeline("main.tex", `gzip`, "main.tex.gz") とすれば，"main.tex" ファイルから入力を受け取り，gzip コマンドでデータを圧縮して "main.tex.gz" ファイルに書き込む。これはちょうどシェルの gzip <main.tex >main.tex.gz に対応する。

pipeline 関数には標準エラーやファイルへの追加を制御するキーワード引数が用意されている。これらの引数の動作の詳細については，pipeline 関数のドキュメントを参照してほしい。

2.10.4 より発展的なコマンドの作成方法

ここまでに紹介した方法では固定のコマンド以外は実行できないが，他のオブジェクトと同様に動的にコマンドを作成する方法も用意されている。最も簡単なコマンドの作成方法が，補間を使う方法である。文字列の補間と同様に，つ

ぎのように補間したい場所を `$(` と `)` で囲む。

```
julia> msg = "hello";

julia> `echo $(msg)`  # 引数を補間
`echo hello`

julia> run(ans);
hello

julia> cmd = "echo";

julia> run(`$(cmd) hello`);  # コマンドを補間
hello
```

補間する文字列が空白を含んでいても複数の引数として分割されず，一つの引数になることに注意されたい。例えば以下のようにコマンドのある引数を `"foo bar"` という文字列で補間すると，`foo` と `bar` の二つの引数ではなく，間に空白の入った一つの引数として補間される。

```
julia> `touch $("foo bar")`
`touch 'foo bar'`
```

もし補間を使って複数のファイルを `touch` コマンドで作りたい場合には，以下のように配列やタプルを使うことで実現できる。

```
julia> `touch $(["foo", "bar"])`  # 配列で補間
`touch foo bar`

julia> `touch $(("foo", "bar"))`  # タプルで補間
`touch foo bar`
```

同様にして，配列からコマンド全体を作成できる。これらの機能を組み合わせれば，Julia のプログラムを使って柔軟に目的のコマンドを生成できる。

さらに，`Cmd` 型のコンストラクタを使って，コマンドを実行する際の環境変数やディレクトリを指定できる。つぎに示すように，環境変数を設定するには `env` キーワード引数に環境変数を収めた辞書を渡し，実行ディレクトリを設定するには `dir` キーワード引数にディレクトリへのパスを渡す。

```
julia> run(`locale`);
```

```
LANG="en_US.UTF-8"
LC_COLLATE="en_US.UTF-8"
LC_CTYPE="en_US.UTF-8"
LC_MESSAGES="en_US.UTF-8"
LC_MONETARY="en_US.UTF-8"
LC_NUMERIC="en_US.UTF-8"
LC_TIME="en_US.UTF-8"
LC_ALL="en_US.UTF-8"

julia> run(Cmd(`locale`, env = Dict("LANG" => "ja_JP.UTF-8")));
LANG="ja_JP.UTF-8"
LC_COLLATE="ja_JP.UTF-8"
LC_CTYPE="ja_JP.UTF-8"
LC_MESSAGES="ja_JP.UTF-8"
LC_MONETARY="ja_JP.UTF-8"
LC_NUMERIC="ja_JP.UTF-8"
LC_TIME="ja_JP.UTF-8"
LC_ALL=

julia> run(`pwd`);
/Users/kenta/tmp

julia> run(Cmd(`pwd`, dir = "/usr/local/bin"));
/usr/local/bin
```

最後に，実行されるコマンドが存在するかを確認する方法を以下に紹介しよう。Sys.which 関数はコマンド名を渡すとその絶対パスを返す。同名のコマンドが存在しない場合には nothing を返すので，コマンドがあるかどうかの判定にも使える。

```
julia> Sys.which("ls")  # 存在するコマンドのパス取得
"/bin/ls"

julia> Sys.which("command-not-exists") === nothing
true
```

2.11 パッケージ

パッケージ（package）とは，ソフトウェアを再利用可能な形で配布する単位である。Juliaのパッケージは特定の構造を取ったディレクトリで，ソースコードやドキュメントのファイルなどがその中に収められている。

Juliaには標準ライブラリ（standard library）と呼ばれるJulia本体と一緒に配布されているパッケージと，コミュニティや一般のユーザが公開しているパッケージがある。標準ライブラリはJuliaに同封されているのでインストールする必要はないが，そうではないパッケージはインターネットなどを通じてインストールする必要がある。

2.11.1 パッケージ管理の基本

まずはパッケージの管理方法を解説しよう。Juliaには，標準でパッケージ管理ツールが同封されている。パッケージ管理はJuliaのREPLで行うことが多い。JuliaのREPLを起動し，以下のように`]`と入力すると，プロンプトが`julia>`から`(v1.2) pkg>`のように変化する[†]。これは，Juliaのコードを評価するモードからパッケージ管理モードに切り替わったことを意味している。

```
julia>  # ここで]と入力するとつぎのようになる

(v1.2) pkg>
```

ここで，プロンプトに`help`と入力しEnterを押すと，使用可能なコマンドの一覧が表示される。再び元のモードに戻るには，Delete（もしくはBackspace）を押す。

以下の説明では，プロンプトの表示に注意されたい。`julia>`はJuliaのコードを実行するプロンプトを示し，`(v1.2) pkg>`はパッケージ管理プロンプトを示す。パッケージ管理プロンプトでJuliaのコードは実行できないし，Juliaのプロンプトではパッケージ管理コマンドも実行できない。

まずは初期状態を確認しよう。`]`と入力してパッケージ管理モードに切り替えた後，`status`コマンド（短縮形は`st`）を実行すると現在インストールされている外部パッケージの状態を表示する。Juliaをインストールした直後で外部

† `v1.2`の部分は場合によって異なる。

のパッケージがインストールされていなければ，つぎのようにほとんど何も表示されない[†]。

```
(v1.2) pkg> status
    Status `~/.julia/environments/v1.2/Project.toml`
  (empty environment)
```

コミュニティが公開しているパッケージをインターネット経由でインストールするには，REPL のパッケージ管理モードで `add` コマンドを使う。Julia では，Julia のパッケージであることを示すために Distributions.jl などのようにパッケージ名の最後に接尾辞 .jl を付けて呼ぶ習慣があるが，パッケージ管理の際には .jl は付けないことに注意されたい。例えば，Distributions.jl パッケージをインストールするには，以下のように `add Distributions` を実行する。

```
(v1.2) pkg> add Distributions
  Cloning default registries into `~/.julia`
  Cloning registry from "https://github.com/JuliaRegistries/General.git"
    Added registry `General` to `~/.julia/registries/General`
Resolving package versions...
Installed Missings ──────────────────── v0.4.0
Installed Arpack ───────────────────────── v0.3.0
【省略】
Updating `~/.julia/environments/v1.2/Project.toml`
[31c24e10] + Distributions v0.17.0
Updating `~/.julia/environments/v1.2/Manifest.toml`
[7d9fca2a] + Arpack v0.3.0
【省略】
```

この出力メッセージをよく見ると，`Project.toml` ファイルと `Manifest.toml` ファイルが更新されていることがわかる。詳細については 2.11.2 項で説明するが，これらのファイルはインストールされたパッケージの情報を管理する重要なファイルである。

パッケージのインストールが完了すると，そのパッケージが以下のように `using` 文や `import` 文で読込み可能になる。

```
julia> using Distributions
[ Info: Precompiling Distributions [31c24e10-a181-5473-b8eb-7969acd0382f]
```

† 現在の Julia では，標準ライブラリのパッケージはここに表示されない。

インストールしたパッケージを削除するには，パッケージ管理モードで以下のように remove コマンド（短縮形は rm）を実行する。

```
(v1.2) pkg> remove Distributions
  Updating `~/.julia/environments/v1.2/Project.toml`
  [31c24e10] - Distributions v0.17.0
  Updating `~/.julia/environments/v1.2/Manifest.toml`
  [7d9fca2a] - Arpack v0.3.0
  [9e28174c] - BinDeps v0.8.10
 【省略】
```

以前インストールしたパッケージをアップデートする場合は update（短縮形は up）コマンドを使用する。update コマンドは引数を渡さずに呼び出した場合，インストールされているすべてのパッケージをアップデートしようとする。特定のパッケージだけアップデートしたい場合には，add コマンドなどと同じようにパッケージ名をコマンドの引数として渡す。逆に，特定のパッケージを何らかの理由でアップデートしたくない場合には，pin コマンドでパッケージのバージョンを固定する。pin コマンドで固定したバージョンは free コマンドで固定を解除できる。パッケージの追加・削除・更新を繰り返すと不要なデータが蓄積するが，gc コマンドを実行すると自動的に不要なファイルを削除してくれる。

2.11.2　プロジェクトのパッケージ管理

Julia のパッケージマネージャは，Project.toml ファイルと Manifest.toml ファイルを使ってパッケージを管理する。Project.toml は，現在のプロジェクトが依存しているパッケージを管理するファイルである。このファイルの中にはプロジェクト自体のメタデータや依存パッケージの一覧が収められている。Manifest.toml は，実際に使われるパッケージの正確なバージョンやインストール場所を管理するファイルである。このファイルはパッケージマネージャが Project.toml ファイルに記述された依存パッケージの一覧を基に依存解決をして生成する。つまり，Manifest.toml ファイルは Julia の実行時にどのパッケージが実際に使われるかを厳密に指定する。

Project.toml ファイルと Manifest.toml ファイルはともに TOML†という形式のファイルである。TOML 形式のファイルは人にとっても読み書きしやすい汎用的なテキストファイルで，近年は Julia 以外の環境でも設定などを記述するのによく使われる。Project.toml は人が読み書きするファイルだが，Manifest.toml は Julia のパッケージマネージャが自動的に生成するファイルなのでユーザが読み書きする必要はない。

これら二つのファイルを使って実際にプロジェクトのパッケージ管理をしてみよう。~/workspace/myproject というディレクトリを作り，そこに Project.toml というファイルをつぎのように作成してほしい。

```
# Project.toml
name = "myproject"
```

プロジェクトごとのパッケージ管理を有効にするには，パッケージ管理モードで activate コマンドを実行する。具体的には，以下のように activate . で現在のディレクトリをプロジェクトとして有効化する。新しいプロジェクトが有効になっていることは，プロンプトが (myproject) pkg> になっていることでわかる。status コマンドで現在の状態を確認すると，現在のプロジェクトには何のパッケージもインストールされていないことがわかる。

```
~/w/myproject $ cat Project.toml
# Project.toml
name = "myproject"
~/w/myproject $ julia -q
(v1.2) pkg> activate .

(myproject) pkg> status
Project myproject v0.0.0
    Status `~/workspace/myproject/Project.toml`
  (empty environment)
```

ここで 2.11.1 項と同じように add コマンドでパッケージを追加すると，現在のプロジェクトにそのパッケージが依存パッケージとして追加される。

```
(myproject) pkg> add Distributions
```

† https://github.com/toml-lang/toml

```
  Updating registry at `~/.julia/registries/General`
  Updating git-repo `https://github.com/JuliaRegistries/General.git`
 Resolving package versions...
  Updating `~/workspace/myproject/Project.toml`
  [31c24e10] + Distributions v0.17.0
  Updating `~/workspace/myproject/Manifest.toml`
  [7d9fca2a] + Arpack v0.3.0
  [9e28174c] + BinDeps v0.8.10
 【省略】

(myproject) pkg> status
Project myproject v0.0.0
    Status `~/workspace/myproject/Project.toml`
  [31c24e10] Distributions v0.17.0
```

先ほど作成した Project.toml ファイルの内容を確認してみると，つぎのようにいま追加したパッケージが追記されていることがわかる。

```
~/w/myproject $ cat Project.toml
name = "myproject"

[deps]
Distributions = "31c24e10-a181-5473-b8eb-7969acd0382f"
```

Distributions の右に書かれている "31c24e10-a181-5473-b8eb-7969acd0382f" という文字列は，UUID というパッケージを識別するための識別子である。この部分を人が書くこともできるが，UUID は人にとって覚えづらく扱いにくいので，上記の add コマンドを使ってパッケージ名で管理するのが一般的である。

Project.toml ファイルの更新と同時に，パッケージマネージャは Manifest.toml というファイルも作る。Manifest.toml は依存パッケージも含めた厳密なパッケージの状態を保持するためのファイルである。ユーザがこのファイルを読み書きする必要はほとんどないが，パッケージマネージャにとっては現在の状態を固定するための必要な設定ファイルである。

2.11.3 プロジェクトの有効化

先ほどはパッケージ管理モードで activate コマンドを使ってプロジェクト

単位のパッケージ管理を有効にした。しかしながら，REPL 以外では activate コマンドは使えないので，プロジェクトのソースコードをコマンドラインから実行する際には別の方法で有効化する必要がある。特定のプロジェクトを明示的に有効化しない場合は，デフォルトでユーザ固有のプロジェクトが有効化されており，add コマンドなどで追加したパッケージはこのユーザのプロジェクトに追加される。

julia コマンドを実行するときに，オプションとして --project=@. を指定すると，現在のディレクトリにあるプロジェクトを有効化する。引数のドットは現在のディレクトリを意味する。例えば，つぎのように myproject に Distributions.jl を読み込む適当なソースファイルをおいて実行するとき，--project=@. オプションを渡せばパッケージを問題なく読み込める。

```
~/w/myproject $ cat test.jl
using Distributions
println("OK")
~/w/myproject $ julia --project=@. test.jl
OK
```

オプションに引数を渡さずに --project とだけ記述しても同様の効果がある。また，--project オプションの代わりに JULIA_PROJECT 環境変数を @. に設定しても同様のことができる。julia コマンドの実行のたびに --project オプションを渡すのが面倒な場合には，この環境変数を設定するとよい。

2.11.4　パッケージの作成

Julia のソースコードを自分や他人が再利用する際には，パッケージとして管理すると便利なことが多い。例えば，何らかのアルゴリズムを Julia で実装したとしよう。そのソースコードを別のプロジェクトで再利用するたびに複製していると，そのコードに問題が見つかって修正した場合にはすべてのプロジェクトに同じ修正を加えなければならない。しかし，そのアルゴリズムをパッケージ化しておけば，そのパッケージに修正を加えてバージョンを更新するだけで，他のプロジェクトでもすぐに修正が反映できる。また，パッケージをオープンソースソフトウェアとして公開すれば，ユーザからフィードバックが得られることもある。

Julia のパッケージは，ディレクトリの中である決まった構造を取る。この決まった構造を守らないと，パッケージとして正しく動かないことがあるため注意が必要である。通常のパッケージは以下のようなファイルとディレクトリを持つ。

- `README.md` ファイル：パッケージの概説をするファイル
- `LICENSE` ファイル：配布しているソースコードのライセンスを指定するファイル
- `Project.toml` ファイル：パッケージのメタ情報や依存パッケージを記述するファイル
- `src` ディレクトリ：ソースコードを収めるディレクトリ
- `test` ディレクトリ：テストコードを収めるディレクトリ
- `docs` ディレクトリ：ドキュメントを収めるディレクトリ

特に `Project.toml` ファイルと `src` ディレクトリは，パッケージには必須である。`src` ディレクトリには，そのパッケージと同じ名前の Julia のソースコードファイル（例えば Example.jl というパッケージなら `Example.jl` ファイル）が収められている。`LICENSE` ファイルや `docs` ディレクトリなどは必須ではないが，パッケージを公式パッケージとして登録する際に要求されるので，あらかじめ用意するのが望ましい。このほかに，パッケージの依存ライブラリやビルドスクリプトを収める `deps` ディレクトリや，継続的インテグレーションのための設定ファイルなどがあることが多い。

Julia のパッケージはバージョン管理システムの一つである Git を使って管理されることが多い。また，コミュニティが提供するパッケージの多くは GitHub にホストされている。必ずしも Git や GitHub を使用する必要はないが，現時点では Julia のツールの大部分は Git と GitHub の使用を想定して設計されており，これらを使うのが無難だろう。

それでは実際に簡単なパッケージを作成してみよう。パッケージ名は MyPackage.jl とする。開発するディレクトリは `~/workspace/MyPackage` としよう。まず，~/workspaceディレクトリに移動し，Juliaのパッケージ管理モードに移行する。そしてつぎのようにgenerate MyPackageコマンドを実行すると，~/workspace/MyPackageディレクトリが作成される。その中にProject.tomlファイルとsrc/MyPackage.jlファイルが作られる。

```
~/workspace $ julia -q
(v1.2) pkg> generate MyPackage
Generating project MyPackage:
    MyPackage/Project.toml
    MyPackage/src/MyPackage.jl
```

生成されたファイルの中身を確認しよう。パッケージのUUIDは毎回変わるので，以下のUUIDと一致していなくても問題はない。

```
~/w/MyPackage $ cat Project.toml
authors = ["Kenta Sato <bicycle1885@gmail.com>"]
name = "MyPackage"
uuid = "edc6c9a6-0f31-11e9-2e93-113bb7e45652"
version = "0.1.0"

[deps]
~/w/MyPackage $ cat src/MyPackage.jl
module MyPackage

greet() = print("Hello World!")

end # module
```

この自動生成されたパッケージはすぐに使用できる。パッケージもJuliaのプロジェクトの一種なので，プロジェクトを有効にするために--projectオプションを使ってREPLを起動しよう。試しに生成されたgreet関数を呼び出すと，以下のように出力される。

```
~/w/MyPackage $ julia -q --project
julia> using MyPackage
[ Info: Precompiling MyPackage [edc6c9a6-0f31-11e9-2e93-113bb7e45652]

julia> MyPackage.greet()
Hello World!
```

依存パッケージを追加するには，通常のプロジェクトと同様にaddコマンドを使う。Statistics.jl などの標準ライブラリにあるパッケージであっても，Base 以外は add コマンドで依存パッケージとして追加する必要がある。以下ではコミュニティが開発している Primes.jl パッケージ†を MyPackage.jl の依存パッケージとしてインストールしている。

```
(MyPackage) pkg> add Primes
   Cloning default registries into /Users/kenta/.julia/registries
   Cloning registry General from "https://github.com/JuliaRegistries/General.git"
 Resolving package versions...
 Installed Primes ─ v0.4.0
  Updating `~/workspace/MyPackage/Project.toml`
  [27ebfcd6] + Primes v0.4.0
  Updating `~/workspace/MyPackage/Manifest.toml`
  [27ebfcd6] + Primes v0.4.0
【省略】

shell> cat Project.toml
【省略】
[deps]
Primes = "27ebfcd6-29c5-5fa9-bf4b-fb8fc14df3ae"
```

依存パッケージとして加えられたパッケージは，ソースコードの中で読み込めるようになる。例えば，src/MyPackages.jl をつぎのように編集すると，greet 関数で Primes.jl パッケージの機能が使えることがわかる。

```
module MyPackage

using Primes
greet() = println("Hello! Today's lucky prime number is $(rand(primes(100))).")

end # module
```

```
julia> using MyPackage
[ Info: Recompiling stale cache file /Users/kenta/.julia/compiled/v1.2/MyPackage/Bem7I.ji for MyPackage [edc6c9a6-0f31-11e9-2e93-113bb7e45652]

julia> MyPackage.greet()
Hello! Today's lucky prime number is 17.
```

パッケージを Git などのバージョン管理ツールで管理する場合には，ソースコードやドキュメント，テストなどのファイルとともに Project.toml ファイ

† https://github.com/JuliaMath/Primes.jl

ルも管理下におく。ユーザがこのパッケージをインストールするとき，Juliaはパッケージの`Project.toml`ファイルを参照して依存パッケージを自動的にインストールする。`Project.toml`ファイルの詳しい書式については，Pkg.jlパッケージ[†1]のドキュメントを参照してほしい。

`Manifest.toml`は開発環境に特異的なファイルなので，バージョン管理ツールで管理する必要はない。むしろ，このファイルはバージョン管理ツールで管理しないのが一般的である。

ここではパッケージ作成の概要を簡単に説明した。より詳しい構成については，実際のパッケージを参考にするのがよい。例えば，Distributions.jl[†2]のリポジトリは，模範的なパッケージの構成をしているので参考になるだろう。

[†1] `https://github.com/JuliaLang/Pkg.jl`
[†2] `https://github.com/JuliaStats/Distributions.jl`

3 Juliaライブラリの使い方

3.1 線 形 代 数

2.6節では，Array 型を用いた多次元配列について紹介した。本節では，Array 型を使った線形代数の演算について紹介する。Julia には，標準ライブラリとしてさまざまな線形代数演算があらかじめ組み込まれていることが大きな特徴の一つである。線形代数に関する関数は，LinearAlgebra モジュールに含まれているので，あらかじめ using LinearAlgebra とモジュールを読み込んでおこう。

3.1.1 ベクトルの演算

ベクトルに関する基礎的な演算について，以下に具体例を紹介する。

```
# 内積
julia> dot([1, 2, 3], [4, 5, 6])
32

# クロス積（ベクトル積）
julia> cross([0, 1, 0], [0, 0, 1])
3-element Array{Int64,1}:
 1
 0
 0


julia> v = [-1, 2, 3];
```

```
# L1 ノルム
julia> norm(v, 1)
6.0

# L2 ノルム
julia> norm(v, 2)
3.7416573867739413

# L∞ノルム
julia> norm(v, Inf)
3.0

# L1 ノルムで正規化
julia> normalize(v, 1)
3-element Array{Float64,1}:
 -0.16666666666666666
  0.3333333333333333
  0.5

# L2 ノルムで正規化
julia> normalize(v, 2)
3-element Array{Float64,1}:
 -0.2672612419124244
  0.5345224838248488
  0.8017837257372732
```

3.1.2 行列の演算

行列の演算について紹介する。以下は，Julia の公式ドキュメンテーションで例示されているものである。

```
julia> A = [1 2 3; 4 1 6; 7 8 1]
3×3 Array{Int64,2}:
 1  2  3
 4  1  6
 7  8  1

# トレース
julia> tr(A)
3

# 行列式
```

```
julia> det(A)
104.0

# 逆行列
julia> inv(A)
3×3 Array{Float64,2}:
 -0.451923   0.211538    0.0865385
  0.365385  -0.192308    0.0576923
  0.240385   0.0576923  -0.0673077
```

ほかにも，行列式の対数を求める `logdet` 関数や，擬似逆行列を求める `pinv` 関数など，線形代数で用いられる基本的な関数は網羅されている。

3.1.3 行列の種類

対称行列やエルミート行列などの特殊な形の行列は，それぞれ `Symmetric` 型や `Hermitian` 型が用意されている。例えば，対称行列を作成するには，以下のようにする。

```
julia> A = rand(3,3)
3×3 Array{Float64,2}:
 0.347719   0.314299  0.384353
 0.50911    0.535465  0.875104
 0.0380225  0.762282  0.125612

julia> Symmetric(A)
3×3 Symmetric{Float64,Array{Float64,2}}:
 0.347719  0.314299  0.384353
 0.314299  0.535465  0.875104
 0.384353  0.875104  0.125612

julia> Symmetric(A, :L)
3×3 Symmetric{Float64,Array{Float64,2}}:
 0.347719   0.50911   0.0380225
 0.50911    0.535465  0.762282
 0.0380225  0.762282  0.125612

julia> issymmetric(Symmetric(A))
true
```

`Symmetric` の二つ目の引数は，`:L` であれば `A` の下三角行列に基づく対称行列を作成し，:U であれば上三角行列に基づく対称行列を作成する。

表 3.1 に，Julia でサポートされている特殊な種類の行列を示す。

表 3.1 Julia でサポートされている特殊な行列

型	概　要	型	概　要
Symmetric	対称行列	Tridiagonal	三重対角行列
Hermitian	エルミート行列	SymTridiagonal	対称三重対角行列
UpperTriangular	上三角行列	Bidiagonal	二重対角行列
LowerTriangular	下三角行列	Diagonal	対角行列

例えば，上三角行列は以下のように作成することができる。

```
julia> A = [1 2 3; 4 5 6; 7 8 9;]
3×3 Array{Int64,2}:
 1  2  3
 4  5  6
 7  8  9

julia> UpperTriangular(A)
3×3 UpperTriangular{Int64,Array{Int64,2}}:
 1  2  3
 ⋅  5  6
 ⋅  ⋅  9
```

他の種類の行列も同様に，Array 型のオブジェクトから作成することができる。

3.1.4 行　列　分　解

行列分解は，ある行列を行列の積へと分解することであり，Cholesky 分解や LU 分解など，いくつかの分解手法が知られている。Julia でサポートされている主要な行列分解の関数を**表 3.2** にまとめる。

それぞれの関数は，例えば cholesky に対して cholesky! のように，入力の行列を書き換えることで空間計算量を節約する関数も合わせて提供されている。

表 3.2 主要な行列分解の関数

関　数	概　要	関　数	概　要
cholesky	Cholesky 分解	hessenberg	Hessenberg 分解
lu	LU 分解	eigen	スペクトル分解
qr	QR 分解	svd	特異値分解

svd 関数を用いて行列の特異値分解（singular value decomposition，SVD）を行う例を以下に示す。

```
julia> A = rand(Float32, 4, 3)
4×3 Array{Float32,2}:
 0.0558141  0.0398115  0.340885
 0.783432   0.504787   0.489385
 0.12458    0.426528   0.633041
 0.238834   0.498155   0.154541

julia> F = svd(A);

julia> typeof(F)
SVD{Float32,Float32,Array{Float32,2}}

julia> F.<TAB>
S  U   V   Vt

julia> F.S
3-element Array{Float32,1}:
 1.3604776
 0.4638695
 0.30028623
```

svd 関数の戻り値は SVD 型のオブジェクトで，特異値の値は F.S で取得することができる。そのほかにも，一般化特異値分解（generalized SVD）や Cholesky 分解，LU 分解のいくつかのバリエーションも提供されている。

3.1.5 BLAS

BLAS（basic linear algebra subprograms）は，線形代数の演算に関する標準的な API 規格である。普段はあまり目にする機会はないかもしれないが，科学技術計算や高性能計算などの分野では頻繁に用いられる。高度に最適化された BLAS API の実装がいくつか存在し，例えば Intel Math Kernel Library（Intel MKL）や OpenBLAS などが有名である。

Julia では，LinearAlgebra.BLAS モジュールで BLAS のラッパーを提供している。以下に，代表的な BLAS 関数である gemv 関数と gemm 関数の使い方を紹介する。

gemv 関数は，行列とベクトルの積を計算する BLAS 関数である。行列を A，二つのベクトルをそれぞれ x，y とすると，gemv 関数は y = α * A * x + β * y を計算する。α，β はそれぞれスカラーで，行列 A とベクトル y に対する重み係数である。また，オプションで A の転置行列を指定することもできる。

Julia では，以下のように BLAS.gemv! 関数を用いる。

```
julia> using LinearAlgebra.BLAS

julia> A = [1.0 4.0; 2.0 5.0; 3.0 6.0]
3×2 Array{Float64,2}:
 1.0  4.0
 2.0  5.0
 3.0  6.0

julia> x = [1.0, 2.0, 3.0];

julia> y = [0.0, 0.0];

julia> BLAS.gemv!('T', 1.0, A, x, 1.0, y)
2-element Array{Float64,1}:
 14.0
 32.0
```

BLAS.gemv! の最初の引数である 'T' は，行列 A の転置を表す。

つぎに，行列どうしの乗算は，gemm 関数を使う。gemm 関数は，行列 A，B，C に対して，C = α * A * B + β * C を計算する。

```
julia> A = reshape([1.0,2.0,3.0,4.0,5.0,6.0], 3, 2)
3×2 Array{Float64,2}:
 1.0  4.0
 2.0  5.0
 3.0  6.0

julia> B = copy(A);

julia> C = zeros(3, 3);

julia> BLAS.gemm!('N', 'T', 1.0, A, B, 1.0, C)
3×3 Array{Float64,2}:
 17.0  22.0  27.0
 22.0  29.0  36.0
```

```
27.0  36.0  45.0
```

そのほか，BLASのレベル1から3までのラッパー関数が提供されているので，プログラム中で直接BLASを呼び出したい場合はぜひ活用してほしい。

3.2 ファイル入出力

この節では，Juliaでファイルの入出力を行う方法と，シリアライズ・デシリアライズの方法，そしてXMLやJSONファイルの扱いに関して紹介する。

3.2.1 ファイルとストリーム

Juliaでファイルを扱うには，`open`関数を使用する。`open`関数は，以下の構文で使用できる。

```
open(filename::String, [mode::String]) -> IOStream
```

`filename`は，読込みあるいは書込みの対象となるファイル名である。`mode`には，**表3.3**のような種類がある。

表3.3 `mode`の種類

mode	概　要	mode	概　要
r	read	r+	read + write
w	write	w+	read + write
a	append	a+	read + append

`r`は，読込みモードでファイルを開く。モードが指定されない場合は，`r`がデフォルトのモードとなる。`w`は，書込みモードでファイルを開く。指定されたファイルがすでに存在する場合は，元ファイルの内容を破棄して，新規に書込みが行われる。`a`は，追加書込みモードでファイルを開く。指定されたファイルがすでに存在する場合には終端に追記し，そうではない場合にはファイルを新規作成する。

`r+`，`w+`は，ファイルの読込みと書込みをどちらも行うことのできるモードである。ただし，`r+`では，指定されたファイルが存在しないときはエラーとなるのに対して，`w+`ではファイルが新規作成されるという違いがある。また，`a+`は，ファイルの読込みと追加書込みを行うためのモードである。

では，具体的な使い方を見てみよう。事前に，`input.txt` というテキストファイルを適当なパス（例えば `/home/hshindo/`）に用意して，中に “Hello Julia!” と書き込んでおくことにする。このファイルを読み込むには，以下のようにする。

```
julia> f = open("/home/hshindo/input.txt")
IOStream(<file /home/hshindo/input.txt>)

julia> readlines(f)
1-element Array{String,1}:
 "Hello Julia!"

julia> close(f)
```

まず，`open` 関数でファイルを開くと，`IOStream` が返却される。このストリームに対して `readlines` 関数を呼ぶと，ファイルの中身を 1 行ずつ読み込んで，文字列の配列として返す。最後に，`close` 関数でストリームを閉じれば完了となる。

`readlines` 関数はストリームを 1 行ずつ読み込むが，`read(f, String)` 関数を用いると，ファイルの中身を一つの文字列として読み込む。また，以下に示すように，`eachline(f)` を使うとファイルを 1 行ずつ順番に読み込んでいく。

```
julia> f = open("/home/hshindo/input.txt");

julia> for line in eachline(f)
           println(line)
       end
"Hello Julia!"

julia> close(f)
```

`open` 関数を呼び出した後に自動的に `close` 関数を呼び出すために，`open(f::Function, args...; kwargs....)` という構文が用意されている。この構文を使うと，`close` 関数を省いて以下のように簡略化できる。

```
julia> open(readlines, "/home/hshindo/input.txt")
1-element Array{String,1}:
 "Hello Julia!"
```

```
julia> open("/home/hshindo/input.txt") do f
           for line in eachline(f)
               println(line)
           end
       end
"Hello Julia!"
```

データをファイルに書き込むには，モードを "w" あるいは "a" にする。

```
julia> open("/home/hshindo/output.txt", "w") do f
           println(f, "Line 1")
           println(f, "Line 2")
       end

julia> open(readlines, "/home/hshindo/output.txt")
2-element Array{String,1}:
 "Line 1"
 "Line 2"
```

Julia では，ファイル以外のデータも IO ストリームとして扱うことができ，標準入力は `stdin`，標準出力は `stdout`，標準エラー出力は `stderr` でアクセスできる。また，IO ストリームからデータを読み込む関数は，ファイル入出力の際に用いた `read`・`readline`・`readlines` 関数などがあり，データを書き込む関数としては，`write` 関数がある。

例えば，標準入力から 1 行を読み込むには，以下のようにする。

```
julia> readline(stdin)
Julia
"Julia"
```

この場合，`readline` 関数は，標準入力から 1 行を読み込むまで待機し，キーボードで “Julia” と入力して Enter を押すと，読み込んだ文字列 “Julia” を画面に出力して終了する。

3.2.2 シリアライズとデシリアライズ

シリアライズとは，オブジェクトをバイトストリーム（あるいは他のフォーマット）に変換する処理をいう。その逆に，バイトストリームをオブジェクトに復元する処理をデシリアライズという。シリアライズとデシリアライズを利用することで，Julia のオブジェクトをファイルとして保存したり，ファイルからオブジェクトを復元することができるようになる。Python では，pickle というモジュールが標準で用意されており，Python のオブジェクトをバイトストリームに変換することができる。Julia では，標準で `Serialization` モジュールが提供されており，`using Serialization` でモジュールをロードして使う。

シリアライズを行う関数は `Serialization.serialize` であり，以下の構文で使用できる。

- `serialize(stream::IO, value)`
- `serialize(filename::String, value)`

最初の引数はストリームまたはファイル名で，つぎの引数に実際のオブジェクトを指定する。以下に，辞書オブジェクトをシリアライズしてファイルへ保存し，デシリアライズで復元する例を示す。

```
julia> using Serialization

julia> dict = Dict("a" => 1, "b" => 2)
Dict{String,Int64} with 2 entries:
  "b" => 2
  "a" => 1

julia> serialize("/home/hshindo/dict.dat", dict)

julia> deserialize("/home/hshindo/dict.dat")
Dict{String,Int64} with 2 entries:
  "b" => 2
  "a" => 1
```

実際に，指定されたファイル（`/home/hshindo/dict.dat`）にバイナリデータが書き込まれていることがわかる。また，`deserialize` 関数で元の辞書オブジェクトが復元できていることも確認できる。

ただし，関数の中身や型の定義はシリアライズによって保存されないので，デシリアライズするときに，それらの関数や型があらかじめ読み込まれた状態になっている必要がある。また，シリアライズとデシリアライズ時で Julia のバージョンが異なっている場合，元のデータが復元されることは保証されないので，より長い期間オブジェクトを保存する際には，3.2.3 項で説明する JLD2.jl を使用するほうが適している。

3.2.3 JLD2

入出力に関する Julia の主要なパッケージは，JuliaIO[†1]という GitHub ページにまとめられている。

JLD2.jl[†2]は，Julia のオブジェクトを保存するためのパッケージである。元々，JLD.jl[†3]というシリアライズのためのよく知られたパッケージがあり，JLD2.jl は，おもにパフォーマンス面において JLD.jl を改善したものである。

JLD2 は，HDF5（hierarchical data format 5）というフォーマットのサブセットである。HDF5 は，大規模な階層データを保存するためのフォーマットとして，科学技術分野で広く用いられている。HDF5 を扱うためのパッケージとしては，HDF5.jl[†4]があるので，興味のあるユーザはチェックしてみてほしい。

では，まずはじめに JLD2 をインストールしよう。JLD2 を使うには，合わせて以下のように FileIO.jl パッケージをインストールしておくと便利である。

```
julia> ]

(v1.2) pkg> add JLD2 FileIO
```

インストールが無事に完了したら，早速使ってみよう。JLD2 フォーマットでオブジェクトを保存するには，以下のようにする。

```
julia> using JLD2, FileIO

julia> data = rand(3, 2);

julia> save("out.jld2", "data", data)

julia> load("out.jld2")
Dict{String,Any} with 1 entry:
```

†1 https://github.com/JuliaIO
†2 https://github.com/JuliaIO/JLD2.jl
†3 https://github.com/JuliaIO/JLD.jl
†4 https://github.com/JuliaIO/HDF5.jl

```
  "data" => [0.836108 0.467563; 0.706455 0.564172; 0.770804 0.279292]
```

JLD2 では，HDF5 と同様に，保存するデータに名前を付ける必要があり，指定した名前のデータのみを復元することが可能である。複数のデータを保存するには，`save("out.jld2", Dict("data1" => data1, "data2" => data2))` のように，名前とデータの辞書オブジェクトを保存すればよい。その他の使い方に関する詳細については，JLD2.jl パッケージの GitHub ページを参照してほしい。

3.2.4 JSON ファイルの入出力

JSON（JavaScript Object Notation，ジェイソン）は，軽量なデータ記述フォーマットの一つで，ソフトウェアやプログラミング言語間のデータのやり取りを行うためのフォーマットとして広く普及している。

Julia では，JSON.jl† というパッケージがあり，JSON ファイルのエンコードとデコードを行うことができる。

まず，以下のような JSON ファイル（`test.json`）を作成してみよう。

```
{
  "name": "Hiroyuki Shindo",
  "birthday": "01-27",
  "affiliation": [
    "NAIST",
    "MatBrain Inc."
  ]
}
```

JSON は，キーと値のペアの集合で，全体を "`{...}`" で囲み，キーと値はコロン(:) で区切る。このファイルを JSON.jl で読み込むには，以下のようにする。

```
julia> using JSON

julia> JSON.parsefile("test.json")
Dict{String,Any} with 3 entries:
  "name"        => "Hiroyuki Shindo"
  "birthday"    => "01-27"
  "affiliation" => Any["NAIST", "MatBrain Inc."]
```

† `https://github.com/JuliaIO/JSON.jl`

ファイルではなく，JSONの文字列を構文解析するには，代わりに`JSON.parse`関数を使う。

逆に，Juliaのデータを JSON 形式の文字列に変換するには，以下のように`JSON.json`関数を使う。

```
julia> dict = Dict(
           "name" => "Hiroyuki Shindo",
           "birthday" => "01-27",
           "affiliation" => ["NAIST", "MatBrain Inc."]
       );

julia> JSON.json(dict)
"{\"name\":\"Hiroyuki Shindo\",\"birthday\":\"01-27\",\"affiliation\":[\"NAIST\",\"MatBrain Inc.\"]}"
```

ほかにも，JSON に関する便利な関数が提供されているので，詳細は JSON.jl の GitHub ページを参照してほしい。

3.2.5 XML ファイルの入出力

Julia で XML ファイルを扱うパッケージには，LightXML.jl，EzXML.jl，LibExpat.jl などがある。LightXML.jl と EzXML.jl は，libxml2 という C で書かれた XML ライブラリのラッパーである。LibExpat.jl は，libexpat という C で書かれた XML ライブラリのラッパーである。どのパッケージも基本的な XML ファイルの読込み，書込み，XML tree からの情報の取得を行うことができるが，ここでは，一例として EzXML.jl の使い方を紹介する。

まず，以下のような XML ファイル（`test.xml`）を用意しよう。

```
<primates>
    <genus name="Homo">
        <species name="sapiens">Human</species>
    </genus>
    <genus name="Pan">
        <species name="paniscus">Bonobo</species>
        <species name="troglodytes">Chimpanzee</species>
    </genus>
</primates>
```

この XML ファイルを読み込むには，以下のようにする。

```
julia> using EzXML

julia> xml = readxml("test.xml")

julia> xmlroot = root(xml)
EzXML.Node(<ELEMENT_NODE@0x000000003959b3f0>)
```

xmlroot は，XML のルートノードを表す。以下のようにルートノードから XML tree の子ノードをたどって，XML の情報を取得することができる。

```
# 子ノードの取得
julia> children = elements(xmlroot)
2-element Array{EzXML.Node,1}:
 EzXML.Node(<ELEMENT_NODE@0x000000003959b8f0>)
 EzXML.Node(<ELEMENT_NODE@0x000000003959b2f0>)

# ノードの名前を取得
julia> nodename.(children)
2-element Array{String,1}:
 "genus"
 "genus"

# 属性の値を取得
julia> children[1]["name"]
"Homo"
```

また，XPath を使ったノードの検索を行うには，以下のようにする。

```
julia> nodes = findall("//species/text()", xmlroot)
3-element Array{EzXML.Node,1}:
 EzXML.Node(<TEXT_NODE@0x000000003959bc70>)
 EzXML.Node(<TEXT_NODE@0x000000003959b770>)
 EzXML.Node(<TEXT_NODE@0x000000003959b9f0>)

julia> nodecontent.(nodes)
3-element Array{String,1}:
 "Human"
 "Bonobo"
 "Chimpanzee"
```

ほかにも，最初に見つかったノードを返す findfirst 関数や，最後に見つかったノードを返す findlast 関数などがある。詳細は EzXML.jl† の GitHub

† https://github.com/bicycle1885/EzXML.jl

ページを参照してほしい。

3.3 他言語の呼出し

Julia は強力な言語ではあるが，比較的新しい言語のため成熟したライブラリは少ない傾向にある。他言語の成熟したライブラリの機能を使いたい場合には，Julia に移植するのも一つの方法ではあるが，Julia から呼び出して使うほうがかかる手間は少ない。本節では，Python と R の二つの言語について，Julia から呼び出す方法を紹介する。

3.3.1 Python の呼出し準備

Julia から Python の機能を使うには，PyCall.jl† を使用する。PyCall.jl は Python の処理系をライブラリとして使うことで，Python の大部分の機能を Julia から使えるようにしている。なお，本書では執筆時点での最新版である PyCall.jl v1.91.0 を使用した。

PyCall.jl のインストールは他のパッケージと同じようにパッケージ管理モードで行うが，このときに使用する Python を指定できる。つぎのように env コマンドなどで PYTHON 環境変数に使いたい Python へのパスを設定すると，PyCall.jl はその Python を使うようになる。もし指定しなければ，macOS と Windows では PyCall.jl が自分で Python 環境を構築し，Linux ではシステムの Python を使うようになる。

```
$ python --version
Python 3.7.2
$ env PYTHON=$(which python) julia -q
julia> ENV["PYTHON"]  # Python へのパス
"/usr/local/bin/python"

(v1.2) pkg> add PyCall
  Updating registry at `~/.julia/registries/General`
```

† https://github.com/JuliaPy/PyCall.jl

```
【省略】
```

PyCall.jl が使う Python のバージョンとライブラリのパスを確認するには，以下のように `PyCall` モジュールの `pyversion` と `libpython` を参照する。筆者の macOS 環境では，先ほど指定した Python 3.7.2 が使われていることがわかる。なお，Python のインストールの仕方によっては libpython はインストールされず，PyCall.jl から使えないので注意が必要である。

```
julia> using PyCall

julia> PyCall.pyversion  # Python のバージョン
v"3.7.2"

julia> PyCall.libpython  # 使われている Python ライブラリ
"/Library/Frameworks/Python.framework/Versions/3.7/Python"
```

3.3.2 Python 関数の呼出し

PyCall.jl のセットアップが終了したら，Python の関数が呼び出せるようになっている。`using PyCall` でモジュールを読み込むと，文字列の前に `py` を付けることでその部分が Python のコードとして解釈される。例えば，つぎのようにして絶対値を計算する Python の組込み関数 `abs` を取得できる。

```
julia> using PyCall

julia> const pyabs = py"abs"  # 組込み関数 abs の取得
PyObject <built-in function abs>

julia> pyabs(-1.2)  # Python 関数の呼出し
1.2
```

上の例で注目してほしいのは，取得した Python の関数に Julia の値（ここでは `-1.2`）をそのまま渡し，Python の関数の戻り値を Julia の値として受け取っていることである。Julia と Python のように，異なるプログラミング言語では値の表現の仕方が異なるが，PyCall.jl は関数呼出しの際に引数を Julia のオブジェクトから対応する Python のオブジェクトへと自動的に変換し，関数が返る際には逆に Python から返されたオブジェクトを Julia のオブジェクトへと変換している。これらのプログラミング言語をまたぐオブジェクトの自動変換のおかげで，Python の関数をあたかも Julia の関数であるかのように透過的に使用できる。

オブジェクトの変換は多くのデータ型でサポートされている。数値や真偽値，文字列，タプル，1 次元配列，関数などはその例である。以下にいくつかの代表的な例を示した。

```
julia> const pyany = py"any"
PyObject <built-in function any>

julia> pyany((false, true, false))  # 真偽値とタプル
true

julia> const pylen = py"len"
PyObject <built-in function len>

julia> pylen("文字列")  # 文字列の変換
3

julia> const pymap, pylist = py"map, list"  # 関数のタプル
(PyObject <class 'map'>, PyObject <class 'list'>)

julia> pylist(pymap(x -> 2x, [1, 2, 3]))  # 無名関数と 1 次元配列
3-element Array{Int64,1}:
 2
 4
 6
```

3.3.3 Python モジュールの利用

PyCall.jl は Julia の機能を使い，モジュールの関数など，オブジェクトのアトリビュート参照がドット (.) でできるようにしている。つまり Python の `foo.bar.baz` のような書き方が Julia でもそのまま書けるようになっている。Python 向けに設計されたライブラリを Julia から使用するときは，この書き方が最も読みやすいだろう。

Python のモジュールは `pyimport` 関数を通して使用する。例えば Python 標準ライブラリにある `math` モジュールを使用するには，つぎのようにする。

```
julia> using PyCall

julia> const pymath = pyimport("math");

julia> pymath.sin(1.0)  # math モジュールの sin 関数を実行
0.8414709848078965
```

標準ライブラリ以外にも pip などでインストールしたパッケージのモジュールも使用できる。例として，Python の技術計算分野でよく使われる SciPy[†1]を使用してみる。`pip install scipy` などを実行して SciPy をインストールした後，以下のようなコードを実行してみよう。`scipy.stats` にあるベータ分布の確率密度関数（`pdf`）を呼び出せる。

```
julia> const stats = pyimport("scipy.stats");

julia> stats.beta.pdf(0.5, 1.0, 4.0)
0.5000000000000001
```

3.3.4　Rの呼出し準備

Julia から R の機能を使うには，RCall.jl[†2]を使用する。PyCall.jl と同様，RCall.jl は R の処理系をライブラリとして使うことで，R の大部分の機能を使えるようにしている。ここでは，執筆時点での最新版である RCall.jl v0.13.2 を使用する。

RCall.jl も他のパッケージと同様にインストールできる。システムに R がすでにインストールされていれば，RCall.jl はその R を使うようにする。もしインストールされてなければ，RCall.jl は自分で R をインストールすることになる。

特定の R を指定したければ，`R_HOME` 環境変数に R のホームディレクトリを設定する。R のホームディレクトリは，つぎのように R を起動し，`R.home` 関数を呼び出すことで確認できる。

```
$ R -q
> R.home()
[1] "/Library/Frameworks/R.framework/Resources"
```

†1　https://scipy.org/index.html
†2　https://github.com/JuliaInterop/RCall.jl

RCall.jl のインストールが終われば，つぎのようにして使われている R のホームディレクトリとライブラリを確認できる。

```
julia> using RCall

julia> RCall.Rhome
"/Library/Frameworks/R.framework/Resources"

julia> RCall.libR
"/Library/Frameworks/R.framework/Resources/lib/libR.dylib"
```

3.3.5 R 関数の呼出し

PyCall.jl と同じように，文字列の前に R を付けるとその部分が R のコードとして解釈される。これを使って，絶対値を計算する abs 関数を取得してみよう。

```
julia> const rabs = R"abs"
RObject{RCall.BuiltinSxp}
function (x)  .Primitive("abs")
```

この関数にはつぎのように Julia の値を渡して呼び出せる。

```
julia> rabs(-1.2)
RObject{RealSxp}
[1] 1.2

julia> typeof(ans)
RObject{RealSxp}
```

上の例で，関数の戻り値が RObject というデータ型になっていることに注意してもらいたい。R 側で作られたオブジェクトは，Julia のオブジェクトには変換されず，R のオブジェクトへの参照として返される。Julia のオブジェクトへと変換するには，以下のように rcopy 関数を呼び出して Julia 側にオブジェクトのコピーを作る。

```
julia> rcopy(rabs(-1.2))
1.2

julia> typeof(ans)
Float64
```

Julia のオブジェクトを R 側にコピーするには，robject 関数を使う。利便性のため，DataFrames.jl† で定義されている DataFrame 型のオブジェクトの変換もできる。Julia から R のどのデータ型へ変換されるかをつぎの例で確認してほしい。

```
julia> class = R"class"
RObject{RCall.BuiltinSxp}
function (x)  .Primitive("class")

julia> class(robject(1))
RObject{StrSxp}
[1] "integer"

julia> class(robject(1.0))
RObject{StrSxp}
[1] "numeric"

julia> class(robject(Dict(:x => 10, :y => "foo")))
RObject{StrSxp}
[1] "list"

julia> using DataFrames

julia> class(robject(DataFrame(:x => [1,2,3], :y => randn(3))))
RObject{StrSxp}
[1] "data.frame"
```

また，R 側に Julia のオブジェクトを渡す際には，`$(...)` を使った補間も可能である。この書き方は，Julia から R のツールを使うときに非常に役に立つ。

```
julia> x = [1.0, 2.0, 3.0];

julia> R"sum($(x))"
RObject{RealSxp}
[1] 6
```

3.3.6 R オブジェクトの操作

R のリストやベクトルから一部を取り出す操作は頻繁に使われる。そのため，Julia の `[]` を使って，R のリストやベクトルから一部を抜き出せるようになっ

† https://github.com/JuliaData/DataFrames.jl

ている。この操作はRの `[[` におおむね相当する。例えばリストから一部を取り出すには，以下のようにする。

```
julia> list = R"list(x=c(1,2,3), y=\"foo\")"
RObject{VecSxp}
$x
[1] 1 2 3

$y
[1] "foo"

julia> list[2]  # 位置で抜き出す（Rの list[[2]] に対応）
RObject{StrSxp}
[1] "foo"

julia> list["y"]  # 名前で抜き出す（Rの list[["y"]] に対応）
RObject{StrSxp}
[1] "foo"

julia> list[:y]  # 上と等価
RObject{StrSxp}
[1] "foo"
```

これを使えば，つぎのようにRでフィットした統計モデルから係数などの情報を容易に抜き出せる。

```
julia> x = randn(100);

julia> df = DataFrame(x=x, y=2x .+ 1 .+ randn(100) * 0.1);

julia> fit = R"lm(y ~ x + 1, data=$(df))"  # 線形回帰モデルをフィット
RObject{VecSxp}

Call:
lm(formula = y ~ x + 1, data = `#JL`$df)

Coefficients:
(Intercept)            x
     0.9973       2.0000

julia> getnames(fit)  # 名前属性を取得
RObject{StrSxp}
 [1] "coefficients"  "residuals"     "effects"       "rank"
```

```
 [5] "fitted.values" "assign"        "qr"            "df.residual"
 [9] "xlevels"       "call"          "terms"         "model"

julia> fit[:coefficients][2]  # 比例係数を取得
2.0000470233356915
```

3.3.7 REPL の R モード

Julia から R を呼び出せるのは便利だが，書き方が冗長になることはある。そのような場合，REPL に Julia でなく R のコードを直接書く方法もある。

RCall.jl を読み込んだ後の Julia の REPL で，`$` と入力するとプロンプトが `julia>` から `R>` に変化する。このとき，プロンプトは Julia ではなく R のコードを受け取るようになっている。Julia の REPL に戻すには，Backspace を押す。

```
julia> using RCall  # この後 $ を入力する

R> x <- rnorm(5)

R> x
[1]  1.2789566 -2.1642573  0.1163410 -0.4641676  0.5400776

R> sum(x)
[1] -0.6930498
```

R の環境で作ったオブジェクトを参照するには，通常の場合と同じように文字列の前に `R` を付ける。例えば，上で作った `x` を参照するには `R"x"` とすればよい。

さらに，R の環境で作ったオブジェクトを Julia 側にコピーするには，すでに紹介した `rcopy` 関数を使うこともできるが，以下のように `@rget` マクロを使うとより便利である。

```
julia> @rget x;  # R から Julia へ x を複製

julia> x
5-element Array{Float64,1}:
   1.278956551783812
  -2.164257277980545
   0.11634095231765228
```

```
-0.4641676394562049
0.5400776474220949
```

逆に，以下のように @rput マクロを使って Julia から R へオブジェクトをコピーすることもできる。

```
julia> y = 42;

julia> @rput y  # Julia から R へ y を複製
42

R> y
[1] 42
```

本節で紹介した PyCall.jl や RCall.jl の使い方は執筆時点での最新版の挙動であるから，将来的に変更される可能性がある。詳しい使い方や発展的な例については，それぞれのパッケージのドキュメントを参照してほしい。

3.4　ドキュメンテーション

作成した Julia のプログラムを人に使ってもらうには，ドキュメンテーション（documentation）が必要である。ドキュメンテーションとは，プログラムの使い方や動作を人が読むドキュメントとして残すことを意味する。ときには自分が作成したプログラムであっても，時間が経てばその詳細を忘れてしまうので，ドキュメントを残しておくことは重要である。

Julia には標準的なドキュメントの形式があり，その形式に従うことでドキュメンテーションの作業を単純化できる。ここでは，関数やデータ型などに個別の説明を付与する docstring について説明し，それらをまとめて HTML のドキュメントを生成するまでの手続きを説明する。

3.4.1　docstring の読み方

docstring†は，関数やデータ型などの名前のあるものに対してドキュメント

† 「ドクストリング」と読む。

を付与する仕組みである。文章を意味する "document" と文字列を意味する "string" が合成された造語で，Python や Julia のコミュニティでは一般的に使われる言葉である。Julia の REPL で `?` と入力するとプロンプトが `help?>` になり，ヘルプモードに移行して関数などのドキュメントが読めるが，このとき読んでいるドキュメントのほとんどは docstring で記述されたものである。例えば，`push!` 関数のドキュメントは docstring で書かれており，以下のように表示できる。

```
help?> push!
search: push! pushfirst! pushdisplay

  push!(collection, items...) -> collection

  Insert one or more items at the end of collection.
【省略】
```

Julia の公式マニュアルやパッケージのドキュメントでは，こうした docstring を HTML 形式で読めるようにしている。このあたりの仕組みについては後ほど説明するとして，最初に簡単な docstring の書式を解説する。

3.4.2 Markdown

docstring や Documenter.jl を使ったドキュメントの作成では，Markdown と呼ばれるマークアップ言語を使用する。Markdown は覚えることが少なく，GitHub をはじめさまざまなサービスでも一般的に使われている。Markdown には方言や派生言語が多数存在するが，ここでは Julia が採用している文法の一部について解説する。一般的な Markdown の文法については，"Mastering Markdown"[†1] などを参照してほしい。

Markdown では，テキストのパラグラフはつぎのように 1 行以上の空白行[†2]で区別する。空白行以外の改行文字は通常の空白文字と同様に扱われ，変換後には残らない。

[†1] https://guides.github.com/features/mastering-markdown/
[†2] 空白文字以外には何も書かれていない行のことである。

```
The first paragraph.
This is the first paragraph.

The second paragraph.
This is the second paragraph.
```

一部の文字は特殊な意味を示す記法に使われる。例えば，バッククォート（`）やアスタリスク（*），アンダースコア（_），ハッシュ（#）などの文字は，文章中のテキストが特別な役割を持つことを示す記号として使われることがある。

バッククォートで囲まれた部分は，コードの一部と解釈される。これは，ドキュメント中にコード例を挿入する際に使用される。例えば，`` `max(x, y)` ``のように書けば，バッククォートの間はHTMLなどに変換されると等幅フォントになる。

複数行からなるコードを書く場合には，バッククォートを三つ重ねて囲う。あるいは，四つの空白文字でインデントしてコードを書くこともできる。つぎにこれら二つの書き方の例を示す。

````
バッククォートによるコードの記法：
```
function foo(x, y)
    # ...
end
```

インデントによるコードの記法：
    function foo(x, y)
        # ...
    end
````

アスタリスクで囲われた部分は書体を変えて強調される。アスタリスク一つで`*italic*`のように書けばイタリック体になり，アスタリスク二つで`**bold**`のように書けばボールド体となる。アスタリスクの代わりにアンダースコアを使っても同様の効果がある。

また，アスタリスクはつぎのようにいくつかの要素を列挙するのにも使われる。この場合，アスタリスクの代わりにハイフン（-）を使うこともできる。

```
Juliaの特徴:
* JITによる高速実行
* 動的言語
* 多重ディスパッチ
```

ハッシュから始まる行は見出し (heading) になる。ハッシュの数によって見出しのレベルは変化する。ハッシュ一つが最もレベルが高く，HTML などに変換されると最もフォントサイズが大きく表示される。ハッシュの数を増やすごとにレベルが下がり，最大 6 個のハッシュ記号まで重ねられる。例えば，最初の三つのレベルの見出しは，つぎのように書ける。

```
# 見出し1

## 見出し2

### 見出し3
```

ウェブサイトへのリンクを挿入するには，`[]` の中にリンクのテキストを書き，`()` の中に URL を書く。例えば Julia の公式サイトへのリンクを挿入したければ，つぎのようにする。

```
[Juliaの公式サイト](https://julialang.org/)を見てください。
```

上記以外のほとんどのテキストは，Markdown でもそのままテキストとして扱われる。元々 Markdown は HTML などに変換せずそのまま読んでも読みやすいように設計されているので，一部の記法を除けば通常のテキストとして読める。

3.4.3 関数の docstring

docstring はソースコード中に文字列で記述するドキュメントである。関数定義の直前に Markdown で記述した文字列リテラルをおくと，その文字列がドキュメントとして関数に付与される。例えば，`foo` 関数に docstring を付与するには，以下のようにする。

```
# 1行定義の場合
"""
Docstring of `foo`.
```

```
"""
foo(x, y) = x + y

# function を使う定義の場合
"""
Docstring of `foo`.
"""
function foo(x, y)
    return x + y
end
```

上のコードを読み込み，REPL のヘルプモードで foo を調べると，つぎのようにいま書いた docstring が表示される。

```
help?> foo
search: foo floor pointer_from_objref OverflowError RoundFromZero unsafe_copyto! functionloc StackOverflowError

  Docstring of foo.
```

docstring はどの自然言語で書いても構わないが，Julia コミュニティの性質上，英語で書くのが一般的である。ここでも，その慣習に従い英語で記述することにする。また，Markdown を使って記述されているので，バッククォートやアスタリスクなどの特殊文字を使ってドキュメントを読みやすくマークアップできる。

より実践的な例を見てみよう。先ほど見た push! 関数の docstring は，ソースコード中につぎのように記述されている。なお，簡単のため docstring のみを示し，一部を省略した。

```
"""
    push!(collection, items...) -> collection

Insert one or more `items` at the end of `collection`.

# Examples
```jldoctest
julia> push!([1, 2, 3], 4, 5, 6)
6-element Array{Int64,1}:
 1
 2
 3
```
```

```
    4
    5
    6
```
"""
```

docstring には最初に関数の呼出し方とその戻り値を書く。上の例では，先頭に書かれている四つのスペースでインデントされた push! で始まる行がそれである。もし二つの引数 x と y を取る foo 関数なら，foo(x, y) と書くのがよいだろう。省略可能な引数は foo(x[, y]) のようにその引数を [] で囲って明示することが多い。この部分の書き方は厳密に決まっているわけでなく，慣習によるところが大きい。引数の数が多い場合や，戻り値が明らかであったり意味が薄い場合には -> 以降を省略して書かないこともある。

つぎに関数の説明を簡潔に記述する。上の例では，Insert one で始まる行がそれである。この部分は命令形を使い，一文でなるべく簡潔に書ききるのが望ましい。より詳しい説明が必要なら，その後に続けて書く。また，上の例で items や collection がバッククォートで囲まれていることに着目してほしい。3.4.2 項で説明したように，Markdown においてこの文字は囲まれた部分がコードの一部であることを表している。ここでは特に push! 関数の引数を指し示している。

これらの後にパラグラフを分けて関数の詳細な説明や使用例が続くこともある。例えば関数が多数の引数を取る場合，以下のようにハイフン（あるいはアスタリスク）で始まる Markdown のリスト記法を使って各引数の説明を列挙するとよい。なお，簡単な関数なら省略されることも多い。

```
# Arguments
- `alpha`: the alpha parameter
- `beta`: the beta parameter
- `gamma = 1.0`: the gamma parameter
```

push! 関数の例では，さらに # Examples という見出しが付いた使用例が続いている。具体的な関数の使い方は，使用者にとって大変参考になる。

```jldoctest で始まる使用例は，テストとしての役割も果たす。つまり，docstring に書かれたこの部分のコードは，後に説明するドキュメント生成の段階でコードと出力の間に齟齬がないかが確認される。こうすることで，docstring の具体例が動かなくなる問題が未然に防げる。

Julia での docstring の書き方は，公式マニュアルのガイドライン†を参照してほしい。なお，このガイドラインが採用されたのが比較的新しいため，標準ライブラリにある docstring でもこのガイドラインに従っていないものはまだまだ多い。

### 3.4.4 関数以外の docstring

関数以外の識別子にも docstring を付与できる。基本的な文法は関数の場合と変わらないが，関数の呼出し方などは当然書かない。例えば，データ型とグローバル変数ではつぎのように docstring を付与する。

```
"""
A point data type in a 2D space.
"""
struct Point
    x::Float64
    y::Float64
end

"""
The ratio of a circle's circumference to its diameter.
"""
const PI = 3.14159265359
```

これらの docstring も関数の場合と同様，REPL のヘルプモードで閲覧できる。同様にして，モジュール名や抽象型，プリミティブ型，マクロについても docstring を付与できる。

3.4.5 Documenter.jl

ここまでは，Julia が標準で用意している docstring の機能について説明した。docstring は便利な機能ではあるが，関数やデータ型に個別にドキュメントを付与しただけではプログラム全体としての使い方はわからず，不完全である。ここでは，docstring に足りない機能を補完するドキュメントの書き方を説明する。

† https://docs.julialang.org/en/v1/manual/documentation/

Documenter.jl[†1]は，プログラム全体のドキュメントを作成するのに使うパッケージである。Julia の公式マニュアルや多くの Julia パッケージも Documenter.jl を使ってドキュメントの生成を行っている。実際にどのようなドキュメントが生成されるかは，Julia の公式マニュアルやその他のパッケージ[†2]を参照してほしい。

Documenter.jl で記述するマニュアルは Markdown で記述する。しかし，ソースコードではなくドキュメント用のファイルを用意して，そこにパッケージの使用方法などを記述する。ドキュメントファイルの拡張子は，`.md` にするのが一般的である。Documenter.jl は，docstring とドキュメントファイルに書かれた内容をまとめてコンパイルし，HTML などのドキュメントを生成する。

3.4.6 Documenter.jl の使用例

2.11.4 項で作った MyPackage.jl にドキュメントを追加してみよう。Documenter.jl をインストールした後，つぎの二つのファイルをパッケージディレクトリ下の `docs` ディレクトリに作成する。

- `docs/make.jl`
- `docs/src/index.md`

`docs/make.jl` は Documenter.jl でドキュメントを生成する際の設定を記述するファイルである。`dos/src/index.md` は Markdown で記述されたドキュメントのトップページの元になるファイルである。今回は 1 ページのみからなるドキュメントを作成するが，複数のページからなるドキュメントを作る場合には，`index.md` 以外にも複数の Markdown 形式のファイルを用意する。

`make.jl` ファイルにはつぎのように記述する。`makedocs` 関数がディレクトリ構造を読み取り，Markdown から HTML のドキュメントを生成する関数である。`sitename` キーワード引数が唯一必要な引数であり，これでウェブサイト

---

†1 `https://github.com/JuliaDocs/Documenter.jl`
†2 例えば Distributions.jl のドキュメント（`https://juliastats.org/Distributions.jl/stable/`）が参考になる。

の名前を設定する。

```
using MyPackage
using Documenter

makedocs(sitename="MyPackage.jl")
```

つぎに，index.md ファイルには以下のように記述しよう。

```
# MyPackage.jl

This is my package.
```

ここまで用意ができたら，make.jl を実行する。MyPackage と Documenter を読み込むので，両者をインストールした環境を用意する必要があることに注意してほしい。make.jl を実行すると，つぎのように build ディレクトリが生成され，その中に生成された HTML 形式のドキュメントができる。

```
$ julia --project make.jl
[ Info: SetupBuildDirectory: setting up build directory.
[ Info: ExpandTemplates: expanding markdown templates.
[ Info: CrossReferences: building cross-references.
[ Info: CheckDocument: running document checks.
[ Info: Populate: populating indices.
[ Info: RenderDocument: rendering document.
$ ls
build   make.jl src
$ ls build/
assets          index.html      search          search_index.js
```

build ディレクトリの中の index.html ファイルが index.md ファイルから生成された HTML のドキュメントである。これを自分の好きなブラウザで確認してみよう。先ほど書いた index.md ファイルの内容が読めるはずである。

つぎにデータ型と関数を定義し，それぞれに docstring を付与しよう。

```
module MyPackage

export Point, double

"""
A point type.
"""
```

```
struct Point
    x::Float64
end

"""
    double(p)

Double `p`.
"""
double(p) = Point(p.x * 2)

end # module
```

index.md ファイルにつぎのように追記し，make.jl を実行して再度ドキュメントを生成すると，生成されたドキュメントでソースコードに書いた docstring が読めるようになる。```@docs の部分は Documenter.jl による構文拡張であり，ドキュメントを生成する際に docstring をその場に展開して表示する。

````
This package offers following things:

```@docs
Point
double
```
````

ここで紹介した Documenter.jl パッケージの機能はごく一部である。特に拡張構文やテスト，デプロイの仕方は重要ではあるが，本書の範囲を超える。必要があれば，公式ドキュメント[†1]を参照してほしい。

3.5 可　視　化

Julia は可視化（visualization）のための機能を標準ライブラリとしては提供していないが，コミュニティが開発している可視化ライブラリがいくつかある。本書では，その中でも代表的なライブラリの一つである PyPlot.jl[†2]パッケージの簡単な使い方を紹介する。

†1 https://juliadocs.github.io/Documenter.jl/stable/
†2 https://github.com/JuliaPy/PyPlot.jl

PyPlot.jl は，Python で広く使われている Matplotlib パッケージ[†1]への Julia インタフェースを提供するパッケージである。Matplotlib の機能はほとんどそのまま Julia でも使えるので，現時点では，Julia から使える可視化ライブラリとしては最も高機能な部類である。また，インタフェースも Python のものと共通しているので，Matplotlib を使ったことがある人にとっては学習にかかるコストは低いだろう。

3.5.1 PyPlot.jl のインストール

PyPlot.jl は Matplotlib を利用するので，Python と Matplotlib をあらかじめインストールする必要がある。Python と Julia の連携については，3.3.1 項を参考にしてほしい。Matplotlib のインストール方法はドキュメント[†2]に詳しく書かれている。多くの場合，公式のリリース版をインストールするには Python のパッケージ管理ツールである pip を使う方法がよいだろう。現在の Python[†3]には pip が同封されているので，以下のように Matplotlib をインストールできる。

```
$ pip install matplotlib
Collecting matplotlib
【省略】
```

場合によっては，`pip install` に `--user` オプションを付けて管理者権限のいらない場所にインストールする必要があるかもしれない。また，すでにインストールされている Matplotlib が古い場合には，`--upgrade` オプションを使って最新版にアップグレードすることをすすめる。本書では執筆当時の最新版である Matplotlib 3.1.1 を使用した。

Matplotlib のインストールが済んだら，PyPlot.jl をインストールする。他の Julia パッケージをインストールするときと同じように，標準のパッケージ管理システムからつぎのようにインストールする。

```
(v1.2) pkg> add PyPlot
```

†1 `https://matplotlib.org/`
†2 `https://matplotlib.org/users/installing.html`
†3 執筆当時は Python 3.7 である。

```
  Updating registry at `~/.julia/registries/General`
【省略】
```

PyPlot.jl が使っている Matplotlib のバージョンは，以下のように `version` を参照することで得られる。

```
julia> using PyPlot

julia> PyPlot.version  # Matplotlib のバージョン
v"3.1.1"
```

3.5.2　基本的なプロット

PyPlot.jl が提供する `hist` 関数は，1 次元データのヒストグラムを描画する。つぎのように適当な二峰性のあるデータのヒストグラムを描画してみよう。

```
julia> x = vcat(randn(100), 2 * randn(100) .+ 4);

julia> hist(x);
```

出力されたヒストグラムは図 **3.1** のようになる。

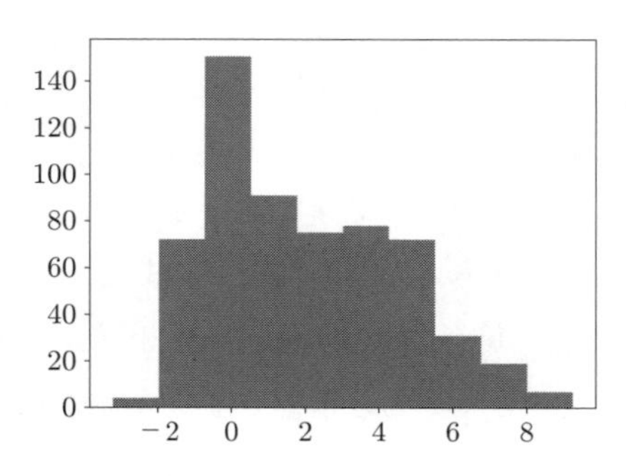

図 **3.1**　ヒストグラムのプロット

`hist` 関数のデフォルトの設定ではビンの幅が広く，分布の形状がわからないことがある。その場合は，つぎのように `bins` パラメータにビンの数を指定して調整するとよい。値が大きければ大きいほど図 **3.2** のようにビンの数が増えて一つひとつのビンは細くなる。

```
julia> hist(x, bins=30);
```

PyPlot.jl が提供する `plot` 関数は，x 軸と y 軸の座標を指定して 2 次元のグラフを描画する。`plot` 関数は第 1 引数に x 軸の座標を，第 2 引数に y 軸の座

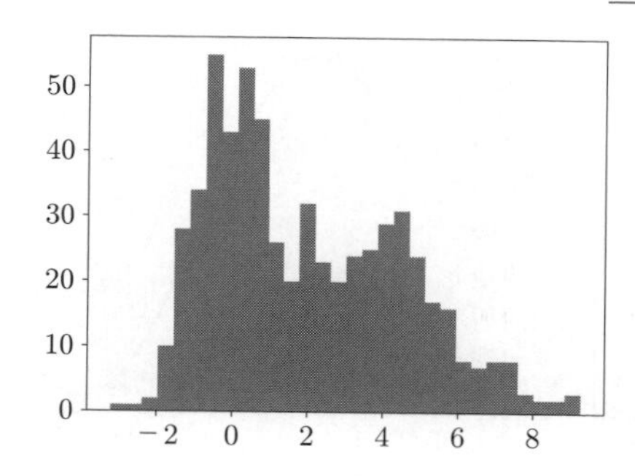

図 **3.2**　30 ビンのヒストグラム

標を取る。例えば，つぎのコードを実行すると，**図 3.3** のようにサイン波の波形が 1 周期分表示される。

```
julia> x = range(0, 2pi, length=100);

julia> plot(x, sin.(x));
```

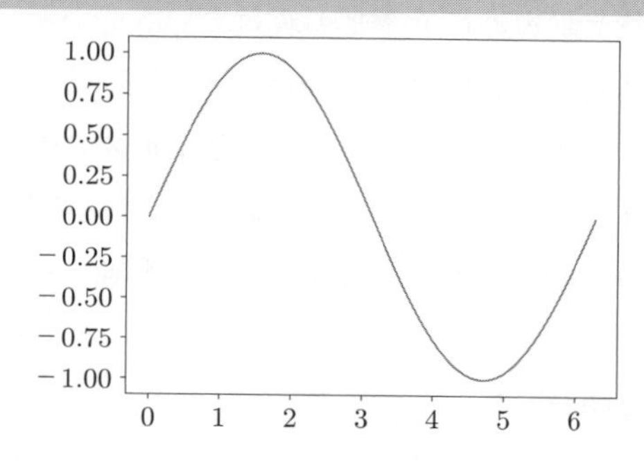

図 **3.3**　サイン波

図のプロットは滑らかな曲線に見えるが，実際は短い直線がつながった折れ線グラフである。plot 関数で作られるグラフは点を表すマーカとそれらをつなぐ線からなるが，デフォルトではいま見たようにマーカは表示されない。線を表示せず点マーカのみを表示するには "." を第 3 引数に渡す。".-" を渡すと，マーカと線を両方表示する。例として，つぎのコードを実行して得られるプロットを**図 3.4** にそれぞれ示す。

```
julia> plot(x, sin.(x), ".");  # マーカのみ表示する

julia> plot(x, sin.(x), ".-");  # マーカと線を両方表示する
```

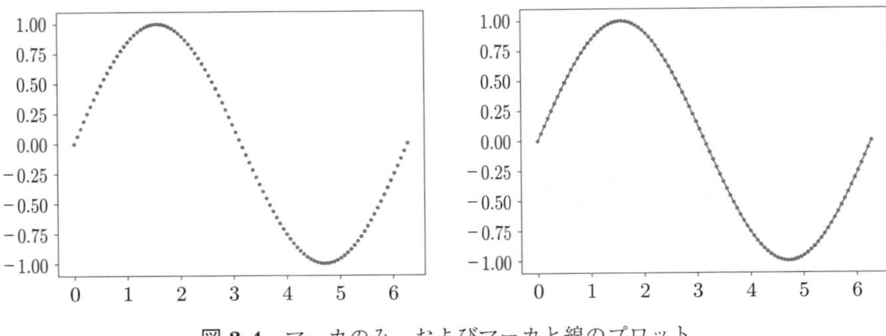

図 3.4　マーカのみ，およびマーカと線のプロット

マーカは `"."` で表示される点だけではない。円（`"o"`）や三角形（`"^"`），星型（`"*"`），十字（`"+"`）など多様な形状が指定できる。また，線についてもダッシュ線（`"--"`）やドット線（`":"`）などが指定できる。これらの詳細については Matplotlib の `plot` 関数のドキュメント†を参照してほしい。

`plot` 関数で描画したプロットを保存するには，`savefig` 関数を用いる。プロットした後に `savefig("plot.png")` などと実行すれば，ディレクトリに PNG 形式で現在のプロットが保存される。ファイルの形式はファイル名の拡張子で決まるので，`"plot.pdf"` にすれば PDF 形式になる。以降で解説する `plot` 関数以外の関数で描画したプロットでも同様である。また，`dpi` キーワード引数を指定すると，画像の解像度を調整できる。

`plot` 関数と似た関数に `scatter` 関数がある。こちらも x 軸と y 軸の座標を指定して 2 次元のグラフを描くが，線を描かずマーカのみを描く。その名前が示しているように，`scatter` 関数は**図 3.5** のような散布図を描くのに適している。

```
julia> x = rand(100);

julia> y = x.^2 + randn(100) .* abs.(x) * 0.5;

julia> scatter(x, y);
```

`scatter` 関数は `plot` 関数に比べてマーカのサイズや色を簡単に変更できる点が優れている。`s` キーワード引数にデータ点と同じ長さの 1 次元配列を渡す

† https://matplotlib.org/api/_as_gen/matplotlib.pyplot.plot.html

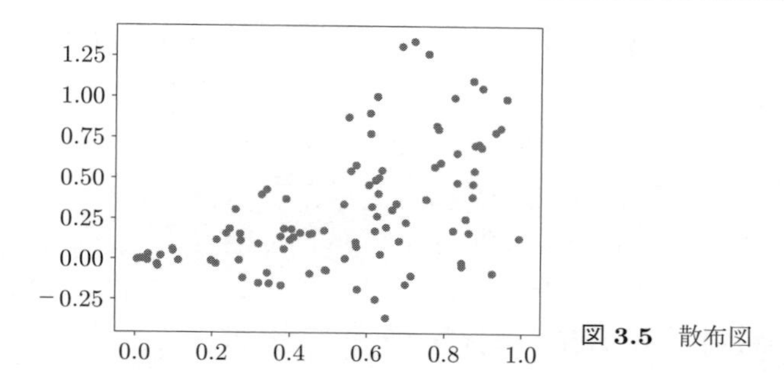

図 3.5　散布図

と，マーカのサイズがその値に応じて変化する。同様に，c キーワード引数にデータ点と同じ長さの 1 次元配列を渡すと，マーカの色がその値に応じて変化する。この機能を使って，三つ以上の属性があるデータ（例えば生物の体長・体重・性別など）を一つのプロットで可視化することが容易になる。詳しい指定方法については，Matplotlib の scatter 関数のドキュメント†を参照してほしい。

最後の例として，等高線を描画する contour 関数を紹介しよう。contour 関数は，x，y，z の三つの座標を取って，z 座標の等高線を描画する。しかし，各座標の渡し方がやや難しいので，詳しく説明する。

まず，x 座標と y 座標の値を取って z 座標の値を返す 2 変数関数を定義しよう。例として，つぎのような $f(x,y) = \exp\left(-\left(x^2 + 4y^2\right)\right)$ 関数を定義する。これは，y 軸方向に長い正規分布の確率密度関数と同じ形状をしている。

```
julia> f(x, y) = exp(-(x^2 + 4y^2))
f (generic function with 1 method)
```

つぎに，x 軸と y 軸の範囲を決める。今回はどちらも $[-2, 2]$ とする。

```
julia> x = y = range(-2, 2, length=100)
-2.0:0.04040404040404041:2.0
```

最後に等高線の z 座標を計算するが，このとき，2.6.5 項で紹介したブロードキャスティングのちょっとしたテクニックを使う。for 文を使って z 座標を逐一計算するのではなく，f.(x, y') を計算することで x，y 座標のすべての組合

† https://matplotlib.org/api/_as_gen/matplotlib.pyplot.scatter.html

せについて z 座標の値を計算し，2 次元配列として返すことができる。x と y' が異なる方向を向いたベクトル[†1]であるから，ブロードキャスティングの結果，2 次元配列になるのである。内包表記で明示的に書けば，つぎのようになる。

```
julia> f.(x, y') == [f(xx, yy) for xx in x, yy in y]
true
```

このテクニックを使って等高線を書くと，以下のように非常に簡潔になる。

```
julia> contour(x, y, f.(x, y'));
```

このプロットは図 **3.6** のようになる。紙面ではわかりにくいが，ディスプレイでは z 座標の値が色のグラデーションとして表現される。

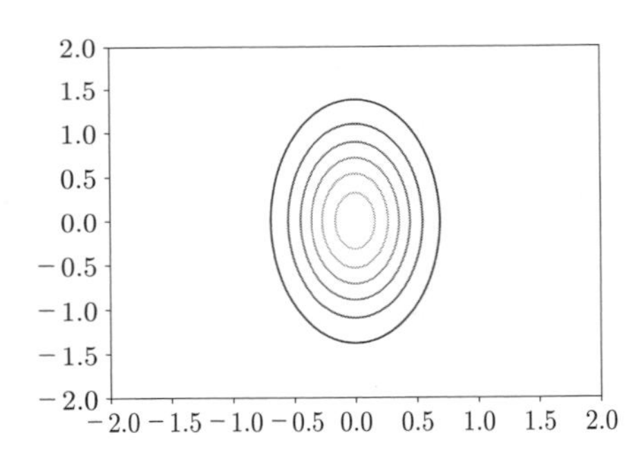

図 **3.6**　等高線

ここで紹介したプロットのほかにも，2 次元のヒストグラムを描画する hist2D 関数，六角形で 2 次元ヒストグラムを描画する hexbin 関数，ボックスプロットを描画する boxplot 関数，画像を表示する imshow 関数，テキストを表示する text 関数などは特に使用頻度が高く，注目に値する。また，colorbar 関数を使うと，図 3.6 のようなプロットに色と値を対応させるカラーバーを付与できる。使用できる描画関数のリストは，Pyplot のドキュメント[†2]を参照してほしい。

3.5.3　プロットの編集

グラフを描画した後，PyPlot.jl が提供する関数を使ってタイトルやラベルの編集ができる。title・xlabel・ylabel 関数は，以下のようにそれぞれプロッ

---

†1　厳密にいえば，後者は 1 行の行列である。
†2　https://matplotlib.org/api/pyplot_summary.html

トにタイトル，x 軸のラベル，y 軸のラベルを付与する。

```
julia> x = range(0, 2pi, length=100);

julia> plot(x, sin.(x));

julia> title("sine wave");  # タイトル

julia> xlabel("x");  # x 軸のラベル

julia> ylabel("y");  # y 軸のラベル
```

プロットは**図 3.7** のようになる。図 3.3 と比較して，タイトルと軸名がプロットに付与されていることに注目してほしい。

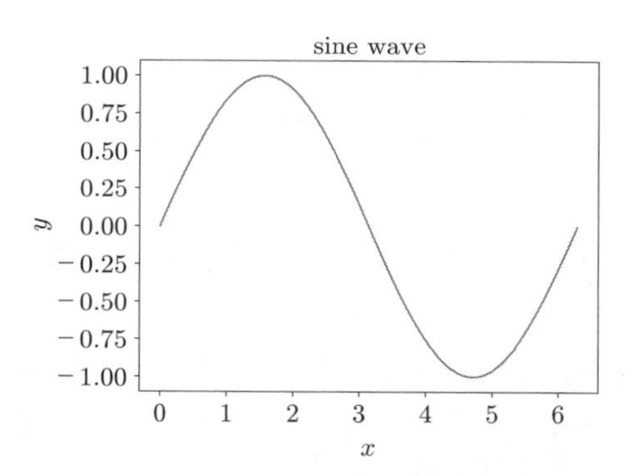

図 3.7 タイトル，x 軸・y 軸ラベルの付いたプロット

タイトルやラベルには `$` 記号で挟んだ LaTeX 記法も使用できる。ただし，Julia では文字列中の `$` 記号は文字列の補間と解釈されてしまうので，`\$` のようにバックスラッシュでエスケープ処理するか，`raw"..."` などを使う必要がある。例えば，タイトルを `title(raw"$y = \sin(x)$")` で設定すれば，数式が美しく表示されるだろう。

データに外れ値がある場合などに，描画範囲を限定したい場合には `xlim` 関数と `ylim` 関数が使える。これらの関数は下限と上限を引数に取り，軸の描画範囲を指定された範囲内に限定する。下限・上限のどちらかを指定したくない場合には以下のように `nothing` を設定する。

```
julia> x = range(0, 2pi, length=100);
```

```
julia> plot(x, sin.(x));

julia> xlim(0, 3)  # x 軸を [0, 3] までに限定
(0, 3)

julia> ylim(0, nothing)  # y 軸の下限を 0 に設定
(0, 1.0998615404412626)
```

このプロットを図 **3.8** に示す。

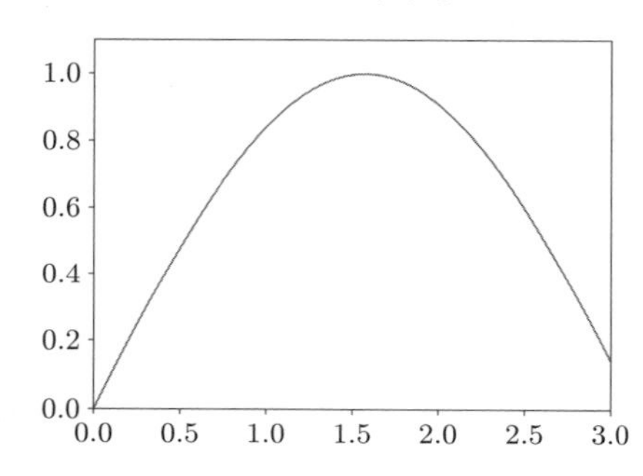

図 **3.8**　描画範囲を限定したプロット

複数のグラフを描画した際には，凡例が必要になることもある。`legend` 関数は以下のようにプロット内のグラフに紐付いたラベルを凡例として表示する。

```
julia> x = range(0, 2pi, length=100);

julia> plot(x, sin.(x), "-", label="sine");

julia> plot(x, cos.(x), "--", label="cosine");

julia> legend();  # 凡例の表示
```

このプロットを図 **3.9** に示す。

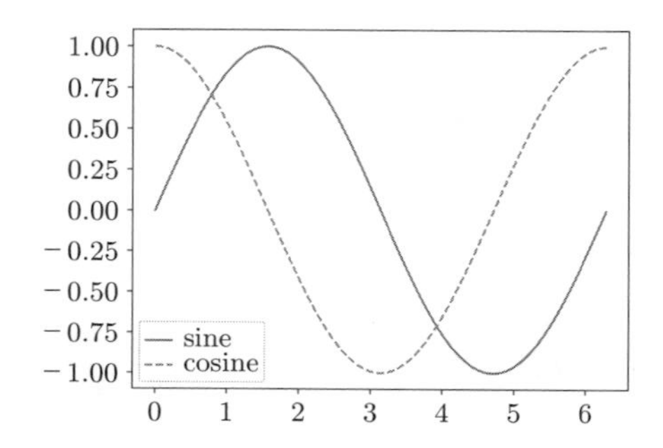

図 **3.9**　凡例付きプロット

3.5.4 サブプロットの作成

複数のプロットを並べて配置したい場合には，subplot 関数が使える。subplot 関数は，サブプロットの行数・列数・番号の三つの引数を取る。番号は各サブプロットに割り振られた連番で，1 から行数と列数の積までの整数を取る。subplot 関数が呼び出されると，現在の図に新しいサブプロットが追加され，そこに描画されるようになる。例えば，図 **3.10** のように二つのサイン波を上下 2 行に分けてプロットするには以下のようにする。

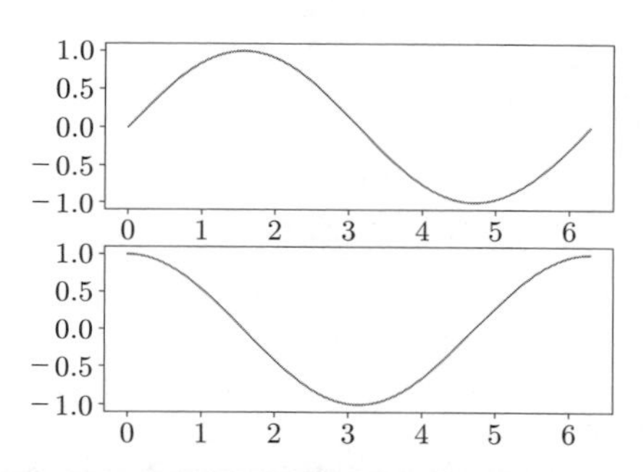

図 **3.10**　2 枚のサブプロット

```
julia> x = range(0, 2pi, length=100);

julia> subplot(2, 1, 1);

julia> plot(x, sin.(x));

julia> subplot(2, 1, 2);

julia> plot(x, cos.(x));
```

連番の方向は Python の仕様を反映して最初に行方向に動く。つぎの 2 行 3 列のプロットの例で動作を確認してほしい。なお，最後の tight_layout 関数はサブプロット間の空白を調整する関数である。

```
julia> x = range(-2, 2, length=100);

julia> for i in 1:6
           subplot(2, 3, i)
           plot(x, x.^i)
           title("\$y = x^$(i)\$")
```

```
      end

julia> tight_layout();  # サブプロットの間隔を調整
```

このプロットを図 **3.11** に示す。

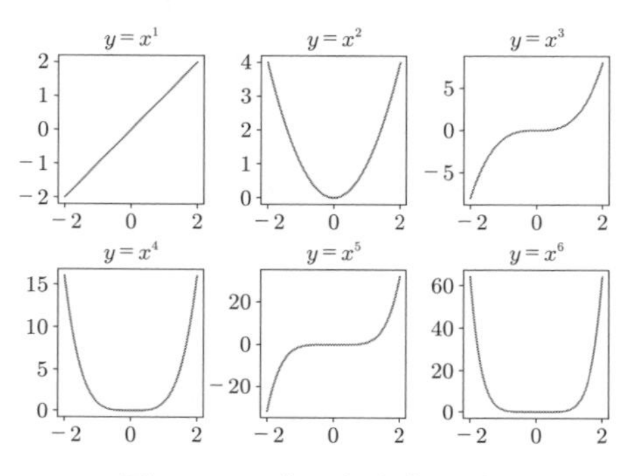

図 **3.11**　6 枚のサブプロット

3.5.5　オブジェクト指向インタフェース

ここまで紹介した方法は，暗黙的にグローバルな状態を変化させるプロットの方法であった。Matplotlib にはオブジェクト指向のより洗練されたインタフェースがあるので，Julia からこれを使う方法もここで紹介する。とはいえ，基本的に Matplotlib の Python インタフェースと同じである。

`subplots` 関数は以下のようにフィギュア（figure）とアクシス（axis）という二つのオブジェクトを作成する関数である。フィギュアはプロット自体を指し，アクシスはその中のデータが描画される部分を指す。アクシスでは `plot` や `scatter` などこれまでに紹介した関数をメソッド化したものが呼び出せる。

```
julia> fig, ax = subplots();  # フィギュアとアクシスを作成

julia> x = range(0, 2pi, length=100);

julia> ax.plot(x, sin.(x));  # sin 波のプロット

julia> ax.plot(x, cos.(x));  # cos 波のプロット
```

このプロットを図 **3.12** に示す。

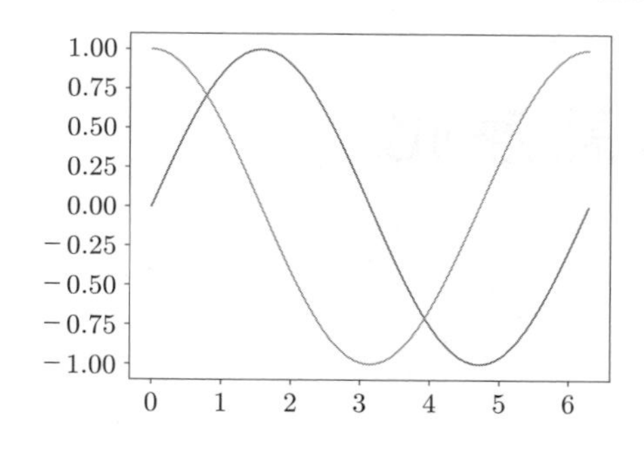

図 **3.12**　一つのアクシスに対する複数のプロット

subplots 関数はその名のとおり，サブプロットを作る際に特に便利である。subplots 関数の引数に二つの整数を渡すと，縦方向と横方向のサブプロットの数を設定できる。つぎの例は，2 行 3 列に配置された合計 6 個のサブプロットを作成する例である。サブプロットを複数作る場合，アクシスは配列で返されるので，変数名を ax でなく axes にしたことに注意してもらいたい。

```
julia> fig, axes = subplots(2, 3);

julia> x = range(-2, 2, length=100);

julia> for i in 1:2, j in 1:3
           ax = axes[i,j]
           ax.plot(x, x .^ (3(i-1)+j))            # プロット
           ax.set_title("\$y = x^$(3(i-1)+j)\$")  # タイトルの設定
       end

julia> fig.tight_layout()
```

出力されるプロットは図 3.11 と同様であるので省略する。

subplots 関数にはほかにも x 軸や y 軸でラベルを揃える sharex・sharey キーワード引数など，よくあるパターンのプロットをするのに便利な機能がある。詳しくは subplots 関数のドキュメントを参照してもらいたい。

4 Juliaの高速化

4.1 プロファイリング

プログラムを高速化する際には，まずコードの処理にかかる時間を計測するプロファイリング（profiling）が欠かせない。プログラムの中で特に実行に時間がかかっている部分はボトルネック（bottleneck）と呼ばれる。パフォーマンス上のボトルネックは思わぬところにあることが多く，勘を頼りに高速化をしようとする努力は徒労に終わることも少なくない。プロファイリングを行えば，プログラムのどの部分が全体の実行時間で大きな部分を占めているのか診断できる。

Juliaはプロファイリングのツールを標準で備えている。このツールと一部の外部パッケージが提供するツールを組み合わせれば，効率的にプログラムのプロファイリングができる。本節では，プロファイリングを始める前に必要な事前準備を説明し，続いて具体的なプログラムでプロファイリングの実行方法とその解釈の仕方を解説する。

4.1.1 高速化の事前準備

プロファイリングを行う前提として，対象のプログラムが望んだとおりに正しく動作することを確認する必要がある。正しく動作しないプログラムはいくら高速化したところで，そのプログラムを実行する意味はない。まずは，動作速度を気にせず，正しく動くプログラムを用意するところから始めるべきである。

プログラムが正しく動作するという確信がある程度得られたならば，つぎにその正しい状態を維持するためのテストを用意する。プロファイリング後のチューニングではコードを何度も書き換えるので，誤ってプログラムの動作を変えてしまうことを防ぐためにテストは必須である。

動作確認のテストは可能な限り簡単に実行できるようにしておく。特定のコマンドを1回実行するだけで，テストを通過したかどうかが判断できるようにするべきである。例えば，sum.jl ファイルに配列の総和を計算する sum 関数を定義したとしたら，sumtest.jl ファイルなどのスクリプトファイルを作り，sum.jl ファイルを読み込み，sum 関数のテストを記述する。テスト自体は @assert マクロを使えばつぎのように非常に簡単に書ける。

```
# sumtest.jl
# sum 関数の定義があるファイルを読み込む
include("sum.jl")
# アサーションによる関数の動作確認
@assert sum([0]) == 0
@assert sum([1, 2, 3]) == 6
```

動作テストに有効な手段として，上記のようにテストケースを使うのではなく，レファレンス実装を用意するという方法もある。レファレンス実装とは，対象のプログラムや関数と同じ動作をするプログラムの実装である。例えば配列の要素をソートする関数を実装するとしよう。そのとき，挿入ソートのような非常に単純な実装をレファレンス実装として，自作のより複雑な実装と動作を比較することで，自作の実装の動作の確認が行える。概念的には，つぎのように自分の実装である myfunc 関数とレファレンス実装である reference 関数を同じデータに適用し，動作が一致することを見る。

```
# レファレンス実装を使った動作テスト
@assert myfunc(arg1, arg2, ...) == reference(arg1, arg2, ...)
```

プログラムをパッケージとして開発している場合には，パッケージのユニットテストを実行するのが有効である。@assert マクロを使った方法と比べて，テストの合否の集計値を報告してくれるなど利便性が高い。REPL のパッケージ管理モードには，test/runtests.jl ファイルを実行する test コマンドがある。ユニットテストの記述方法は，Test.jl のドキュメント[†]に詳しい。

また，Git や Mercurial などのバージョン管理ソフトウェアを使うことで，プログラムの状態をいつでも元の状態に戻せるようにしておくべきである。チューニングの結果，テストから漏れた部分で動作が変わってしまったことに後から気が付くことがある。バージョン管理ツールでいつでも元の状態に戻せるようにしておけば，どの変更が動作に影響を与えたかを比較的簡単に発見できる。また，チューニングの効果を測定する場合にも，バージョン管理ツールでチューニング前のプログラムといつでも速度比較できるようにしておけば，確信を持って高速化を行える。

つぎに，プログラムがデータを入力として取る場合には，プロファイリングに用いるサンプルデータも用意する必要がある。このデータは，現実に入力として用いられるデータに近い性質を持っている必要がある。サンプルデータが現実のデータと大きく異なると，ボトルネックになる場所やその程度が実データと乖（かい）離してしまう恐れがある。擬似乱数を使って生成したデータなどは，現実のデータと性質が異なることが多いので特に注意が必要である。また，1 回のプロファイリングに長い時間がかかる大きなサンプルデータも避けたい。状況によるが，おおむね数秒から数分程度で終わる程度のデータ量にするのがよいだろう。それより時間がかかる場合は，実データの一部を取り出してきたり，実データをランダムに混合させるなどしてサンプルデータを作るのがよいと考えられる。

実用的には，データの性質や規模を変えた複数のサンプルデータを用意して性能測定をするべきである。チューニングの結果，あるサンプルデータで性能が向上しても，他のサンプルデータでは著しく性能が劣化することもある。複数のサンプルデータからなるデータセットで行うベンチマークはベンチマークスイート（benchmark suite）と呼ばれる。

4.1.2　実行時間の計測

高速化したいプログラムとテストを用意したら，現在の実行時間を計測する。

† https://docs.julialang.org/en/v1/stdlib/Test/

プロファイリングとチューニングの結果，どの程度の高速化が達成できたかはこの実行時間を基準にする。

実行時間を計測するには，対象を一つの関数にまとめるとよい。一つの関数にまとまっていると，REPL などで実行と計測を繰り返すことが容易になる。

標準ライブラリにある `@time` マクロは，実行時間を計測する一番手軽な方法である。`@time` マクロに式を渡すと，その式を一度だけ評価して経過時間と割り当てられたメモリ量を表示する。例えば `sort` 関数の実行時間はつぎのように計測できる。

```
julia> xs = randn(100);  # サンプルデータの生成

julia> @time sort(xs);
  0.094433 seconds (142.38 k allocations: 7.117 MiB)

julia> @time sort(xs);
  0.000007 seconds (5 allocations: 1.031 KiB)

julia> @time sort(xs);
  0.000009 seconds (5 allocations: 1.031 KiB)
```

上の結果を見るとわかるように，1 回目の計測では 2 回目以降に比べて非常に長い時間がかかっている。これは，Julia のコンパイラが対象のメソッドを初回の実行時にコンパイルしているからである。最初の計測結果は，初回実行時のオーバーヘッドを減らすチューニングを施したい場合には重要であるが，このように実行時間が非常に短い場合には無視するのが普通である。以降では初回実行時のコンパイルにかかるオーバーヘッドは無視する。

`@time` マクロは標準ライブラリにあるので手軽ではあるが，処理を一度しか実行しないので，実行時間を正確に把握するにはあまり向いていない。BenchmarkTools.jl† パッケージは，処理を複数回実行して実行時間の統計量を取得するためのツールを提供している。特に実行時間が短い関数の実行時間を計測する際には，このツールを使うことを推奨する。

`@time` マクロの代わりに BenchmarkTools.jl の `@benchmark` マクロを使って

† `https://github.com/JuliaCI/BenchmarkTools.jl`

実行時間を計測してみよう。つぎのように，`@benchmark` マクロは `@time` マクロより多くの情報を表示する。

```
julia> using BenchmarkTools

julia> @benchmark sort(xs)
BenchmarkTools.Trial:
  memory estimate:  896 bytes
  allocs estimate:  1
  --------------
  minimum time:     630.178 ns (0.00% GC)
  median time:      643.710 ns (0.00% GC)
  mean time:        716.926 ns (4.83% GC)
  maximum time:     208.907 μs (99.60% GC)
  --------------
  samples:          10000
  evals/sample:     169
```

出力結果中の `minimum time`，`median time`，`mean time`，`maximum time` はそれぞれ計測時間の最小値・中央値・平均値・最大値を表す。到達可能な最小の時間を知りたいなら `minimum time` を，GC[†]などを含めた平均的な時間を知りたいなら `mean time` を見るのがよいだろう。比較的安定した結果を知りたいなら `median time` がよい。`maximum time` は他プロセスの割込みや特に長い時間のかかる GC の時間などを含むため，外れ値になることが多い。

`@benchmark` マクロは，与えられた式を 1 回以上評価してその合計時間を計測し，それをサンプルと呼ぶ。評価回数が n 回で合計時間が t なら，1 回の評価あたり t/n だけ時間がかかったことになる。実行時間が特に短い関数では，複数回の評価をまとめて計測することで，計測時間が計測精度以下になることを防止できる。さらに，サンプルを複数回取ることで，計測のばらつきも把握できる。上の結果を見ると，`evals/sample` から 1 サンプルあたり 169 回の評価（`sort(xs)` の実行）を行ったことがわかる。また，`samples` から 10,000 個のサンプルを得たこともわかる。これらの繰返し回数は，`@benchmark` マクロが自動的に適切な値を設定している。

† garbage collection の略であり，不要になったメモリを開放したり再利用可能にする手続きを指す。

4.1.3 実行時間のプロファイリング

プロファイリングを行う際に用いるツールは，標準ライブラリのProfileモジュールで定義されている。このプロファイラは一定時間ごとにプログラムの動作を止め，その瞬間のスタックトレース（stacktrace）を記録し，再び実行に戻る動作を繰り返す。実行時間のかかるホットスポットはこの過程で記録される回数が増えるので，実行にかかる時間と記録された回数がおおむね比例することになる。こうした性質のプロファイリングを統計的プロファイリング（statistical profiling）という。

挿入ソートを例にして，プロファイリングを実行してみよう。使用するコードは，以下のような単純な挿入ソートのコードである。

```
# insertionsort.jl
insertionsort(xs) = insertionsort!(copy(xs))

function insertionsort!(xs)
    for i in 2:length(xs)
        j = i
        while j > 1 && xs[j-1] > xs[j]
            xs[j-1], xs[j] = xs[j], xs[j-1]
            j -= 1
        end
    end
    return xs
end
```

まずは10万要素からなる浮動小数点数の配列を使って，以下のように実行時間の計測を行う。

```
julia> include("insertionsort.jl")
insertionsort! (generic function with 1 method)

julia> xs = randn(100_000);  # サンプルデータ

julia> insertionsort(xs);  # コンパイル

julia> @time insertionsort(xs);  # 実行時間の計測
  4.014681 seconds (6 allocations: 781.484 KiB)
```

続いてプロファイリングを行う。プロファイリングにはつぎのように@profile

マクロを用いる。@profile マクロは @time マクロと同じように実行するコードを取り，それを 1 回だけ実行してプロファイリングに必要な情報を収集する。

```
julia> using Profile

julia> @profile insertionsort(xs);  # プロファイリング
```

プロファイリングを行った時点では何も表示されないが，この時点でプロファイラにはスタックトレースのスナップショットが記録されている。記録された回数を表示するには，以下のように Profile.print 関数を呼び出す。

```
julia> Profile.print()
3098 ./task.jl:259; (::getfield(REPL, Symbol("##26#27")){REPL.REPLBackend})()
 3098 ...ackage_osx64/build/usr/share/julia/stdlib/v1.2/REPL/src/REPL.jl:117; macro expansion
  3098 ...ackage_osx64/build/usr/share/julia/stdlib/v1.2/REPL/src/REPL.jl:85; eval_user_input(::Any, ::REPL.REPLBackend)
   3098 ./boot.jl:328; eval(::Module, ::Any)
    3098 /Users/kenta/workspace/intro-to-julia/insertionsort.jl:2; insertionsort(::Array{Float64,1})
     2    /Users/kenta/workspace/intro-to-julia/insertionsort.jl:0; insertionsort!(::Array{Float64,1})
     3093 /Users/kenta/workspace/intro-to-julia/insertionsort.jl:7; insertionsort!(::Array{Float64,1})
     1063 ./array.jl:729; getindex
     1324 ./operators.jl:286; >
      721 ./float.jl:452; <
      603 ./int.jl:49; <
     3    /Users/kenta/workspace/intro-to-julia/insertionsort.jl:8; insertionsort!(::Array{Float64,1})
     3 ./array.jl:767; setindex!
```

プロファイリング結果は木構造になっている。上の表示では左側がスタックトレースの浅い部分に対応し，右側が深い部分に対応する。各行の左側の数字は，スタックトレースのスナップショットが取得された回数を示している。その後に，ファイル名:行数; メソッドの形式で情報が表示されている。左上部分の数字を見ればわかるように，ここでは合計 3,098 回のスナップショットが記録されている。

プログラムのホットスポットは，スタックトレースの深い部分で数字が大きい場所を見ればよい。上の例では，insertionsort.jl の 7 行目にあたる while j > 1 && xs[j-1] > xs[j] に対応する部分で 3,093 回のスナップショットが記録されている。つまり，計算時間のほとんど（3,093/3,098 なので約 99.9%）がこの部分で費やされている。挿入ソートの二重ループの内側になっている部分なので，この結果は予想できるものだろう。

プロファイラ内部のバッファに溜まったプロファイリングの記録を削除するには `Profile.clear` 関数を呼び出す。また，スタックトレースのサンプリングの間隔などを調整するには，`Profile.init` 関数を使う。詳細についてはそれぞれのドキュメントを参照してほしい。

4.1.4 メモリ割当てのプロファイリング

実行速度のプロファイリングと同様に，メモリ割当てのプロファイリングも重要である。プログラムのどの部分でメモリが割り当てられているのかを知ることで，余計なメモリの割当てを削減したり，GC の負荷を軽減できるようになる。結果的に，プログラム全体の実行速度の向上にもつながる。

メモリ割当てのプロファイリングを行うには，Julia の起動時に `--track-allocation` オプションを使用する。このオプションを指定すると，Julia の実行中に発生したコードの各行のメモリ割当てを記録し，Julia が終了する際にファイルに書き出す。書き出されるファイル名は，実行したスクリプトファイル名の最後に `.mem` を付けたファイルになる。

メモリのプロファイリングにも，実行速度のプロファイリングと同様の注意点がある。関数のコンパイルにもメモリを必要とするので，関数の初回呼出し時には計測したい部分よりも多くのメモリ割当てが発生する。したがって，実行速度のプロファイリングのときのように一度関数を呼び出してコンパイルを行い，メモリの使用量に関する記録をリセットして再度同じ関数を呼び出して計測する。記録のリセットには `Profile.clear_malloc_data` 関数を用いる。

つぎの例は，`diffuse` 関数のメモリ割当てのプロファイリング例である。

```
# diffuse.jl
function diffuse(W₀, A; t=100)
    P = sum(A, dims=2) .\ A
    W = copy(W₀)
    for _ in 1:t
        W = W * P
    end
```

```
    return W
end

# プロファイリングの事前準備
N = 1000
A = rand(N, N)
A += A'
W₀ = zeros(N, N)
for i in 1:N W₀[i,i] = 1 end
diffuse(W₀, A)

# プロファイリング開始
using Profile
Profile.clear_malloc_data()  # メモリ割当て記録のリセット
diffuse(W₀, A)
```

これを `julia --track-allocation diffuse.jl` を使ってプロファイリングすると，スクリプトファイルのあるディレクトリにつぎのようなファイルが出力される。簡単のため，関係する部分だけを抜き出した。

```
        - function diffuse(W₀, A; t=100)
  8010496     P = sum(A, dims=2) .\ A
  8000080     W = copy(W₀)
        0     for _ in 1:t
800008000         W = W * P
        -     end
        0     return W
        - end
```

コードの左側に書かれている数値が，割り当てられたメモリのバイト数である。`for` 文のループ中で行列積を計算している `W = W * P` が最もメモリを消費しているのがわかるだろう。ここで割り当てられたメモリの量（約 763 メガバイト）は，行列積の計算で作られる行列のサイズ（$1{,}000 \times 1{,}000$），倍精度浮動小数点数である要素のサイズ（8 バイト），繰返し回数（100 回）の積から見積もられるメモリ割当て量とほぼ一致する。このコードのメモリ割当ての削減方法は 4.3.1 項で扱う。

4.2 最適化しやすいコード

同じアルゴリズムのコードでも，パフォーマンスが大きく異なる場合がある。特にJuliaの処理系では，コンパイラは動的にコンパイルを行うので，何気ないコードが思わぬパフォーマンスの低下につながることがある。本節では，Juliaの実行の仕組みを概説し，その中で実際にどのようなコードにパフォーマンスの落とし穴があるのかと，その対処方法を紹介する。また，Juliaで多次元配列を扱う際には知っておくべきメモリレイアウトに関する注意点も解説する。

4.2.1 コードの書き方による性能差

まずはコードの書き方によってどの程度の性能差が出るかを見てみよう。以下のコードは，1万要素の浮動小数点数を挿入ソートでソートするプログラムである。特に問題はないように思えるかもしれないが，じつはこの書き方はJuliaのコンパイラの能力を最大限引き出せていない書き方である。

```
# isort-slow.jl
using Random
Random.seed!(1234)

xs = rand(10000)
@time for i in 2:length(xs)
    j = i
    while j > 1 && xs[j-1] > xs[j]
        xs[j-1], xs[j] = xs[j], xs[j-1]
        j -= 1
    end
end
@assert issorted(xs)
```

これを実行して実行時間を計測してみよう。筆者の計算機では，以下のようにおよそ5.7秒ほどの時間がかかった。

```
$ julia isort-slow.jl
  5.679087 seconds (198.11 M allocations: 2.952 GiB, 0.56% gc time)
```

これをつぎのように書き換えてみる。違いは二重になった for 文が関数の内側に書かれるようになっただけである。

```
# isort-fast.jl
using Random
Random.seed!(1234)

function isort!(xs)
    for i in 2:length(xs)
        j = i
        while j > 1 && xs[j-1] > xs[j]
            xs[j-1], xs[j] = xs[j], xs[j-1]
            j -= 1
        end
    end
    return xs
end
xs = rand(10000)
@time isort!(xs)
@assert issorted(xs)
```

このコードの実行時間を計測してみると，以下のように 0.05 秒ほどで終了する。先ほどのコードと比べると，およそ 100 倍ほど高速化している。

```
$ julia isort-fast.jl
  0.050867 seconds (17.86 k allocations: 966.230 KiB)
```

この性能差の原因については 4.2.4 項により詳しく説明するが，端的にいえば，前者のコードでは型が不明なグローバル変数への参照が発生しており，Julia が高速なコードを生成できないからである。一方，後者のコードでは，アルゴリズムを関数でラップすることで，型が不明なグローバル変数への参照をなくし，型が決定できるローカル変数への参照にしている。Julia では，このようなちょっとした工夫で性能に顕著な差が生じることをよく覚えておいてほしい。

4.2.2 コンパイラの概要

同じ目的を達成するコードでも，コンパイラにとって最適化しやすいコードとしにくいコードがある。Julia の性能を引き出すためには最適化しやすいコードを書くべきである。ここでは，そのために必要な Julia のコンパイラの仕組みを概説する。

Julia のコンパイラは，いくつかの段階を経て与えられたソースコードを計算機に特化した機械語へと変換する。このプロセスはコンパイルと呼ばれ，基本的には Julia のプロセスが実行されるときにコンパイルを行う。これから説明する各段階の大まかな流れを**図 4.1** に示した。なお，図中の括弧内に書かれたマクロ名は，各段階の中間的な表現を表示するマクロ名である。

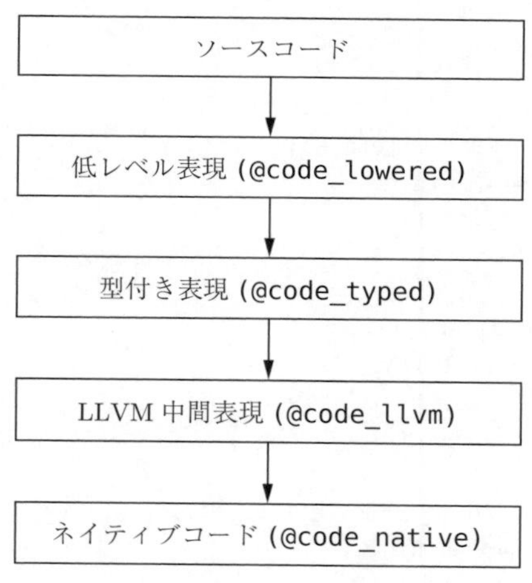

図 **4.1** コンパイルの流れ

Julia のコンパイラは，Julia のソースコードを構文解析して構文木に変換した後，低レベルなコードへと変換する。あるメソッドがどのような低レベルのコードに変換されるかは，`@code_lowered` マクロで確認できる。試しにつぎのような簡単な総和を計算する `sum` 関数について低レベルの表現を見てみよう。

```
julia> function sum(xs)
           s = 0
           for i in 1:length(xs)
               s += xs[i]
           end
           return s
       end
sum (generic function with 1 method)
```

詳細についてはさほど重要でないので省略するが，つぎのように % 記号の付いた数字で識別される新たな変数が導入される。また低レベルなコードでは for 文のような構文要素が変換され，数字で識別されるラベル†と goto 文によるジャンプで表現されるようになる。糖衣構文やマクロ呼出しがあれば，この段階で展開されて消える。

```
julia> @code_lowered sum([1,2,3])
CodeInfo(
1 ─       s = 0
│   %2  = (Main.length)(xs)
│   %3  = 1:%2
│         #temp# = (Base.iterate)(%3)
│   %5  = #temp# === nothing
│   %6  = (Base.not_int)(%5)
└───        goto #4 if not %6
2 ┄ %8  = #temp#
│ i = (Core.getfield)(%8, 1)
│   %10 = (Core.getfield)(%8, 2)
│   %11 = s
│   %12 = (Base.getindex)(xs, i)
│         s = %11 + %12
│         #temp# = (Base.iterate)(%3, %10)
│   %15 = #temp# === nothing
│   %16 = (Base.not_int)(%15)
└───        goto #4 if not %16
3 ─        goto #2
4 ┄       return s
)
```

つぎに，コンパイラは低レベルのコードに対して型推論（type inference）を行う。型推論とは，コードの中で使われている変数などの式がどの型を持つかを推定する仕組みである。例えば，x = 1 + 2 というコードがあったとき，整数リテラルの 1 と 2 が Int 型であり，Int 型どうしの加算は再び Int 型になることから，ほかに x の型が変化する要因がなければ x の型は Int であろうと推論できる。また，関数呼出し func(x, y) があったとき，引数 x と y の型が推論できれば，多重ディスパッチでどのメソッドを呼び出すかも決定できるし，

† 各ラベルは一つのベーシックブロック（basic block）に対応する。ベーシックブロックとは分岐のないコードの列である。

そのメソッドが返す型も推論できれば `func(x, y)` の戻り値を使う式の型推論にも使える。Juliaの型推論に関わる注意点については，4.2.3項でより詳しく説明する。型推論の結果は，`@code_lowered` マクロのように `@code_typed` マクロで表示できる。

型推論により式の型情報を得た後，Juliaはコードをさらに低レベルなコードへと変換する。Juliaが用いるこのコードはLLVM中間表現（intermediate representation, IR）と呼ばれるもので，アセンブリ言語に近い計算機非依存の表現である。LLVM中間表現はclangなどの主要なコンパイラでも使われる中間表現なので，既存の発達した最適化処理の恩恵を受けることができる。また，こうした最適化を受け，最終的に計算機に特化した機械語へと変換される。LLVM中間表現は `@code_llvm` マクロで，機械語の表現は `@code_native` マクロで表示できる。使い方は `@code_lowered` マクロや `@code_typed` マクロと同じである。

つぎの `max` 関数がどのように変換されるかを眺めてみると，コンパイルの雰囲気がつかめるだろう。

```
julia> max(x, y) = x ≥ y ? x : y
max (generic function with 1 method)

julia> @code_lowered max(1, 2)  # Juliaの低レベルコード
CodeInfo(
1 ─ %1 = x ≥ y
└──      goto #3 if not %1
2 ─      return x
3 ─      return y
)

julia> @code_typed max(1, 2)  # 型推論結果
CodeInfo(
1 ─ %1 = (Base.sle_int)(y, x)::Bool
└──      goto #3 if not %1
2 ─      return x
3 ─      return y
) => Int64

julia> @code_llvm max(1, 2)  # LLVM中間表現（セミコロンの後はコメント）
```

```
; @ REPL[1]:1 within `max'
define i64 @julia_max_12262(i64, i64) {
top:
; ┌ @ operators.jl:333 within `>='
; │ ┌ @ int.jl:428 within `<='
    %2 = icmp sgt i64 %1, %0
; └ └
  %spec.select = select i1 %2, i64 %1, i64 %0
  ret i64 %spec.select
}

julia> @code_native max(1, 2)  # 機械語（x86-64 の場合）
        .section        __TEXT,__text,regular,pure_instructions
; ┌ @ REPL[1]:1 within `max'
; │ ┌ @ operators.jl:333 within `>='
; │ │ ┌ @ REPL[1]:1 within `<='
        decl    %eax
        cmpl    %edi, %esi
; │ └ └
        decl    %eax
        cmovgel %esi, %edi
        decl    %eax
        movl    %edi, %eax
        retl
        nopl    (%eax,%eax)
; └
```

なお，機械語の出力は計算機環境によって大きく異なることもある。

4.2.3　型に不確実性のあるコード

前述のとおり，Julia のコンパイラは実行時に型推論を行う。型推論は，実行時に登場するオブジェクトがどのような型になり得るかを実行前に推定し，実行時に型の曖昧性がなるべく残らないようにすることで，強力な最適化を補助する。したがって，最適化がうまく機能するよう，型推論器が型を正確に推論できるようなコードを書くことが重要になる。

動的プログラミング言語である Julia では，型を一つに決められない式を作ることもできる。例えば `rand() < 0.3 ? 0 : 1.0` という式があったとしよう。`0` は `Int` 型のリテラルで，`1.0` は `Float64` 型のリテラルであったことを思い出

してほしい。この式には乱数が含まれるので，評価値は 30%の確率で `Int` 型になり，70%の確率で `Float64` 型になる。結果的に，実際に実行して式を評価しない限り，この式の型は一つに決められない。このような型に不確実性があるコードは後のコードが動作を決定できないので，最適化の妨げになることが多い。例を挙げると，関数呼出しで引数の型がわからなければ呼び出すメソッドが一つに決まらないので，実行時に分岐したりメソッドを探索する必要がある。

もう少し自明でないコードで型の不確実性がある例を見てみよう。問題として，つぎのような常微分方程式（ordinary differential equation，ODE）を数値的に解くことを考える。

$$\frac{\mathrm{d}y}{\mathrm{d}t} = f(t, y)$$

$$y|_{t=t_0} = y_0$$

つぎの関数は，4 次のルンゲ・クッタ（Runge-Kutta）法により上記の常微分方程式を数値的に解くコードである。引数 `n` と `h` はそれぞれ反復回数と刻み幅のパラメータである。

```
function solve_ode(f, t₀, y₀, n, h)
    t, y = t₀, y₀
    for _ in 1:n
        k₁ = f(t        , y             )
        k₂ = f(t + h / 2, y + k₁ / 2 * h)
        k₃ = f(t + h / 2, y + k₂ / 2 * h)
        k₄ = f(t + h    , y + k₃     * h)
        t += h
        y += h * (k₁ + 2k₂ + 2k₃ + k₄) / 6
    end
    return t, y
end
```

一見したところでは問題がないコードのようにも思えるが，場合によってはローカル変数の型が不安定になることがある。問題は，変数 `t` と `y` の初期化方法にある。`t` と `y` はそれぞれ引数 `t₀`と `y₀`を使って初期化されているので，これらの型は引数の型に依存する。例えば，`solve_ode` の呼出し側が引数 `t₀`に `0` を渡し，引数 `h` に `1e-3` を渡したとしよう。このとき，`t` は `t₀`と同じ `0` に初期化されるが，この型は Int である。そして，8 行目の t の更新の際には Float64 型である h の値が加算されるため，プロモーションにより t の型は Int から Float64 に変化する。したがって，Julia のコンパイラは t の型が Int か Float64 かを実行前の型推論で決定できない。これは変数 y についても同様のことがいえる。

この場合，変数 t を含む計算を行う場所では，t が実行時に Int 型か Float64 型かによって処理を切り替えなければならない。すると，実行前にあらかじめ処理を決定できる場合に比べ，大きく実行速度が低下する恐れがある。特に大量に実行されるループの内側で使われている変数の型が不確実な場合には，その影響も大きくなる。

ある関数で型の不確実性があるかを確認するには，@code_typed マクロもしくは @code_warntype マクロを利用するとよい。@code_typed マクロは実際に引数を渡してその関数を呼び出したときの型推論の結果を表示してくれる。@code_warntype マクロは，@code_typed マクロの機能に加えて型に不確実性が残る場所を目立たせて表示してくれる（例えば，色表示ができる端末では赤色で表示される）ので，型に関わる問題の診断に便利である。つぎの例では，t_0 を整数である 0 に設定しているせいで変数 t に対応する戻り値の型が Union{Float64, Int64} になり，Float64 型か Int64 型かを決定できないことを示している。

```
julia> f(t, y) = t + y
f (generic function with 1 method)

julia> @code_warntype solve_ode(f, 0, 0.0, 1000, 1e-3)
Body::Tuple{Union{Float64, Int64},Float64}
1 ── %1  = (Base.sle_int)(1, n)::Bool
│    %2  = (Base.ifelse)(%1, n, 0)::Int64
│    %3  = (Base.slt_int)(%2, 1)::Bool
└───          goto #3 if not %3
2 ──         goto #4
【省略】
```

この問題を解決するにはいくつか方法がある。一つの方法は，引数の型を限定する方法である。例えば，関数定義の際に solve_ode(f, t_0::Float64, y_0::

Float64...) などとすれば，上のような t₀や y₀に整数値を指定する呼出し方は呼出し時のエラーになるので，そもそも型に曖昧性のある呼出し方ができなくなる。もう一つの方法は，関数内で型を特定の型に正規化する方法である。例えば，t の初期化の際に float 関数を用いて t = float(t₀) などとすれば，引数 t₀が整数であっても変数 t は浮動小数点数に変換される。同様に，t::Float64 = t₀ として変数 t の型を一つの型に強制する方法もある。

型の不確実性による性能の低下は，場合によっては非常に大きな問題になり得る。4.2.4 項でも型に関わる性能の問題を見る。

4.2.4 グローバル変数への参照

グローバル変数を不用意に使うと，型の不確実性が生じることがある。グローバル変数はどこからでも参照可能であり，定数でない限り実行中いつでもオブジェクトを変更できるからである。実行時に型が変わる可能性があれば，先に説明した理由により最適化の妨げになる。

4.2.1 項で挙げた挿入ソートのコード例を思い出してほしい。遅いほうのコードでは，配列の隣り合う要素を入れ替えるため，二重になったループの中で繰り返しグローバル変数 xs を参照していた。この定数でないグローバル変数の型は Julia の型推論器では決定できないので，十分な最適化を行えず，結果として性能が悪化する。しかし，関数の引数として配列を取るように変えることで，関数呼出し時には型が決定するので，型推論後の最適化がしやすくなる。結果として，同じコードでも関数の中に収めることで性能が劇的に改善するのである。

しかしながら，性能が必要なコードでグローバル変数を参照したい場合がある。その場合，ループの内側などで頻繁に参照されるグローバル変数には，可能ならば const キーワードを付けて定数化することが推奨される。例えばつぎのようにグローバル変数 G を const キーワードなしで定義したとしよう。

```
# 万有引力定数
G = 6.674 * 10^-11
```

```
# 引力の計算
force(m1, m2, r) = G * m1 * m2 / r^2
```

この force 関数の型推論の結果を @code_warntype マクロで診断すると，以下のように関数の戻り値の型が Any 型になる。すなわち，グローバル変数 G の型が決定できないせいで，関数の戻り値の型がまったくわからないということである。

```
julia> @code_warntype force(1.0, 2.0, 3.2)
Body::Any
1 ─ %1 = Main.G::Any
│   %2 = (%1 * m1)::Any
│   %3 = (%2 * m2)::Any
│   %4 = (Base.mul_float)(r, r)::Float64
│   %5 = (%3 / %4)::Any
└──      return %5
```

つぎにグローバル変数 G を const G = 6.674 * 10^-11 のように const キーワードを付けて定数として定義したとしよう。すると，つぎのように関数の戻り値の型が Float64 と正しく推定されており，型の不確実性が生じていないことがわかる。

```
julia> @code_warntype force(1.0, 2.0, 3.2)
Body::Float64
1 ─ %1 = Main.G::Core.Compiler.Const(6.674000000000005e-11, false)
│   %2 = (Base.mul_float)(%1, m1)::Float64
│   %3 = (Base.mul_float)(%2, m2)::Float64
│   %4 = (Base.mul_float)(r, r)::Float64
│   %5 = (Base.div_float)(%3, %4)::Float64
└──      return %5
```

しかしながら状況によっては，グローバル変数の型は変化させないが値は変更したいので，これを定数化したいこともあるだろう。そのような場合には，2.9.2 項で紹介した Ref 関数を使ってオブジェクトへの参照を作る方法もある。これを使えば，型を変化させないまま値を変更可能なグローバル変数が作れる。具体的なコード例をつぎに挙げる。

```
# Int 型のグローバル変数
const C = Ref(0)
```

```
# グローバル変数のインクリメント
function increment()
    C[] += 1
    return C[]
end
```

4.2.5 コレクションや構造体での型不確実性

複数のオブジェクトをまとめて保持するコレクションや構造体も，不用意に扱うと型の不確実性につながることがある。ここではいくつかよく見られる例を使って説明しよう。

Julia の配列を要素なしで初期化しようとすると，要素の型がまったくわからないので Any 型にする。つまり，以下の xs = [] のように書くと，xs のデータ型は Vector{Any}[†] となる。この配列に後から要素を追加しても xs の型は依然として Vector{Any} のままであり，追加した要素の型に影響されない。また，要素を pop! 関数で取り出したり，xs[i] のように要素を参照する部分でも，現在の Julia ではその要素の型は推定できないままである。

```
xs = []  # Vector{Any}
push!(xs, 1)  # Int 型の要素を追加する
xs[1]  # この式の型が Int だと Julia は推定できない
```

型は決まっているが要素がまだない配列を初期化する際には，Int[] のように型名を [の前に付ける。すると，この配列の型は Vector{Int} になるので，型の不確実性が排除できる。Dict 型や Set 型でも配列と同様のことが起き得るので，初期化の際には注意が必要である。

同じような問題は構造体でも生じ得る。例えばつぎのように構造体のデータ型である Point を定義したとすると，二つのフィールド x と y について型を推論できない。Real 型は抽象型で，Int 型でも Float32 型でも Real 型のサブタイプならどのような型の値でも保持できるからである。

```
struct Point
    x::Real
```

† Array{Any,1}の別名である。

```
    y::Real
end
```

これはつぎのようにフィールドの型を型パラメータ化すると，型の不確実性を排除できる。

```
struct Point{T<:Real}
    x::T
    y::T
end
```

4.2.6 メモリレイアウト

計算機では，行列などの多次元配列も 1 次元のアドレス空間を持つメモリに保持される。これはつまり，2 次元以上の多次元配列は何らかの方法で 1 次元に引き伸ばしたアドレス空間を通じて参照されるということになる。この変換方法に関与するのが，メモリレイアウト（memory layout）という概念である†。

メモリレイアウトを意識することは，配列要素へのアクセスを頻繁に行うプログラムを書く上で非常に重要である。今日の計算機はメモリの読み書きが CPU 上で行う他の計算より非常に遅いので，より読み書きが高速になるようメモリの一部を CPU 内にキャッシュしている。メモリの読み書きを行う際にはアドレス上の近い領域を集中的に参照するようにすると，キャッシュが有効に使われ効率がよい。したがって，多次元配列で各要素がどのようにアドレス空間上に配置されているのかを把握する必要がある。

簡単のため，多次元配列を 2 次元配列，つまり行列に限定しよう。この場合，つぎの二通りのメモリレイアウトが考えられる。

- row-major order：行の各要素がアドレス空間で隣り合う
- column-major order：列の各要素がアドレス空間で隣り合う

それぞれのメモリレイアウトは図 2.2 で図示した。

Julia の配列である `Array` 型は，行列の要素を column-major order で配置

† 現代のオペレーティングシステムでは仮想メモリがあるので，実際にはプログラムから見えるメモリ空間と物理メモリの配置は異なるのが普通である。

する。つまり，行列 X について，要素 X[i,j] とアドレス空間で隣り合う要素は X[i-1,j] と X[i+1,j] である。これがもし row-major order だとしたら，X[i,j] と隣り合う要素は X[i,j-1] と X[i,j+1] である。

多次元配列を走査する場合には，可能な限りメモリ上の近い要素が並ぶ方向にするべきである。Julia の配列は column-major order なので，全要素を入れ子になった for 文で走査する場合には，つぎのように列方向の反復を内側に入れるとキャッシュを有効に使えて実行速度が上がる。これは Python の NumPy パッケージにある多次元配列のデフォルトとは異なる方向なので，NumPy のユーザは特に注意が必要である。

```
m, n = size(X)
for j in 1:m  # 列の添字
    for i in 1:n  # 行の添字
        x_ij = X[i,j]
        # 処理
    end
end
```

実用的な例を挙げると，つぎのように動的計画法で文字列など二つの列の間の編集距離（レーベンシュタイン距離）を計算する場合には，配列 D のメモリレイアウトに沿うように for 文の順序を工夫する。

```
function editdistance(x, y)
    m, n = length(x), length(y)
    D = zeros(Int, m + 1, n + 1)
    for i in 1:m
        D[i+1,1] = D[i,1] + 1
    end
    for j in 1:n
        D[1,j+1] = D[1,j] + 1
        for i in 1:m
            D[i+1,j+1] = min(
                D[i,  j  ] + ifelse(x[i] == y[j], 0, 1),
                D[i,  j+1] + 1,
                D[i+1,j  ] + 1,
            )
        end
    end
```

```
    return D[m+1,n+1]
end
```

3 次元以上の多次元行列についても，同様のことがいえる。すなわち，ある配列 X を走査するとき，X[i,j,k,...] と添字の組 (i,j,k,...) で要素にアクセスできるとすると，一番最初の添字から順（ここでは i,j,k の順）に動かすのが最も効率がよい。単純な走査の場合には，つぎのように eachindex 関数を使うとメモリレイアウトに合った方向に走査してくれる。

```
for i in eachindex(X)
    x_i = X[i]
end
```

4.3　メモリ割当ての削減

Julia にはメモリの割当てと回収を自動で行う GC 機能があるので，どこでどれだけメモリが割り当てられているのかを意識することはあまりない。しかしそのせいで，余計なメモリを無意識のうちに割り当ててしまっていることがある。メモリの割当てはそれ自体にコストがかかることはもちろん，割り当てられたメモリの開放にもコストがかかる。したがって，不要なメモリの割当てを減らすことが性能の改善にもつながる。本節では，Julia でどのようなときにメモリの割当てが発生しているかを確認し，その削減につながる基本的な考え方を紹介する。

4.3.1　配列のメモリ割当て

多くの数値計算で最もメモリを消費するのが配列であろう。配列は Int8 型や Float64 型などの基本的な数値型を収める場合には，各要素のサイズと配列自体の要素数を掛け合わせただけのメモリを消費する。Float64 型の 1 次元配列は要素あたり 8 バイト（64 ビット）のメモリを消費するので，要素数が 1,024 要素の配列であれば $8 \times 1{,}024 = 8{,}192$ バイトのメモリが割り当てられる。これが 32×32 の 2 次元配列であっても，要素数は 1,024 要素で変わらないので配列に割り当てられるメモリサイズも変わらない。

なお，Juliaの配列は要素に加えて配列の各次元のサイズなどのメタ情報も保持するので，実際に割り当てられるメモリのサイズはこれよりも大きくなるが，それはたかだか数十バイト程度である。配列の全要素が占めるメモリのサイズは`sizeof`関数で，メタ情報も含めたメモリのサイズは`Base.summarysize`関数で以下のように取得できる。

```
julia> v = zeros(1024);  # Float64 型の 1 次元配列の割当て

julia> sizeof(v)  # 全要素が占めるメモリサイズ
8192

julia> Base.summarysize(v)  # メタ情報も含めたメモリサイズ
8232
```

配列のメモリ割当て量を減らす簡単な方法は，必要最低限のサイズと要素の型を使うことである。例えば，計算には128要素しか使わないのに1,024要素の配列を確保するのは無駄である。また，計算に求められる精度がそれほど高くないのに，`Float32`型でなく`Float64`型の要素を持つ配列を使う必要はない。同様に，非負の整数配列で最大値が255以下であったら，デフォルトの`Int`型ではなく`UInt8`型の配列を使えば，`Int`が`Int64`の別名になっている64ビット計算機では，同じサイズの配列でもメモリの使用量を8分の1に削減できる。

4.3.2 配列の再利用

ベクトルや行列などの配列はサイズがメモリ割当ての大半を占めることが多いので，メモリ割当ての削減対象としては効果的である。例えば，4.1.4項でつぎのようなコード片があったのを思い出してもらいたい。`W`と`P`はともに行列である。

```
for _ in 1:t
    W = W * P
end
```

この`for`文によるループでは，`*`で繰り返し行列積を計算している。じつは，このときに行列積の結果を保持するための行列が毎回新しく割り当てられている。このループで行列`W`のサイズは変化しないので，もしループの外側で一度だけ行列を割り当てて，そこに行列積の結果を書き出すようにすれば，メモリの割当て量が大幅に削減できる。

LinearAlgebra モジュールには，行列積の結果を既存の行列に書き出すための mul! 関数が用意されている。mul!(C, A, B) は行列 A と行列 B の行列積を計算し，行列 C に書き出す。このとき，新しい行列は割り当てられないので，* 関数に比べてメモリの割当て量を削減できる。

mul! 関数を使えば，先ほどのコードはつぎのように書き換えられる。copy! 関数を使って行列積の計算結果を W にも書き出す必要があることに注意してほしい。

```
W_tmp = similar(W)  # 行列積の結果を保持する行列
for _ in 1:t
    mul!(W_tmp, W, P)  # 行列積の計算
    copy!(W, W_tmp)    # 結果を W に複製
end
```

さらに，LinearAlgebra の行列分解関数にもメモリの割当てを最小限に抑える関数が用意されていることがある。svd，qr，lu，eigen，cholesky などの行列分解をする関数は，関数名の最後に ! を付けると，引数として与えられた行列を計算領域として再利用しながら行列分解を行うことができる。例えば，lu 関数なら対応する破壊版の関数は lu! である。したがって，入力行列を保存する必要がない場合には，これら破壊版の行列分解関数を使えば，メモリ割当ての削減ができる。先ほど見た行列積の計算と同様，行列分解を繰り返し行う場合などには特に有効な方法だろう。

4.3.3 ブロードキャスティングによるメモリ削減

ブロードキャスティングにはベクトルや行列などの配列について要素ごとの演算をするだけでなく，複数の演算を一つのループにまとめる機能もある。この機能をうまく使えば，中間的な計算結果を保持する配列の割当てをなくし，結果としてメモリ割当て量の削減につながる。

三つの同じ長さのベクトル x，y，z を考える。これらを要素ごとにすべて足して，新しいベクトルを作ってみよう。単純に考えれば，ベクトルどうしでは

加算 `+` が定義されているので，`x + y + z` のように書くことができるだろう。実際これで期待どおりに動作するのだが，じつは `x + y` の結果を保持するよう一時的に中間的なベクトルが作成されている。一方で，これを `x .+ y .+ z` のようにブロードキャスティングを使って明示的に要素ごとの演算にすると，Julia の処理系は中間ベクトルを作らず三つのベクトルの和を計算する。

このことは，例えばベクトル `x` と二つのスカラー `a` と `b` があり，`a * x .+ b` を計算するときにもいえる。この場合，`a * x` がベクトルをスカラー倍した中間ベクトルを作ってしまうが，`a .* x .+ b` と書けば中間ベクトルは作成せずに結果を計算できる。一般に，`*` や `+` などの計算がブロードキャスティング版の `.*` や `.+` で置換え可能な場合は，ブロードキャスティング版を使用したほうがメモリ割当ても少なく，高速である。こうした書換えを自動で行う `@.` マクロも標準で用意されているので活用してほしい。

4.3.4 特殊な配列型の利用

Julia の標準ライブラリには `Array` 型以外にもいくつか特殊な配列型がある。可能ならこれらの配列型を使えば，メモリの使用量を大幅に削減できることがある。

`LinearAlgebra` モジュールには，`Diagonal` という対角行列を表現するためのデータ型がある。このデータ型は行列の対角要素のみしか保持しない，つまり対角成分以外のゼロ成分は保持しないので，正方行列の行と列のサイズを n とすればメモリに保持される要素数は n^2 ではなく n である。例えば，単位行列は以下のように `Diagonal` 型の行列として表現できる。

```
julia> using LinearAlgebra

julia> Diagonal(ones(5))
5×5 Diagonal{Float64,Array{Float64,1}}:
 1.0   ⋅    ⋅    ⋅    ⋅
  ⋅   1.0   ⋅    ⋅    ⋅
  ⋅    ⋅   1.0   ⋅    ⋅
  ⋅    ⋅    ⋅   1.0   ⋅
```

```
 ⋅    ⋅    ⋅    ⋅   1.0
```

似たような行列を表現するデータ型に，Bidiagonal 型と Tridiagonal 型がある。これらは対角成分の上下にさらに非ゼロの成分を持てる。Diagonal 型と同様，対角成分付近にないゼロ成分は明示的に保持しないのでメモリ消費量の削減につながる。

さらに，SparseArrays モジュールには，疎ベクトルや疎行列を保持するためのデータ型が用意されている。疎ベクトルと疎行列は非ゼロ成分のみを保持する配列なので，非ゼロ成分が少ない配列ではメモリ使用量を大幅に削減できる。仮にすべての要素がゼロであれば，Array 型の密な配列とのメモリサイズ比はつぎのようにきわめて小さくなる。

```
julia> using SparseArrays

julia> v = spzeros(1024)  # 疎ベクトル
1024-element SparseVector{Float64,Int64} with 0 stored entries

julia> Base.summarysize(v) / Base.summarysize(zeros(size(v)))  # メモリサイズ比
0.012633624878522837

julia> M = spzeros(1024, 1024)  # 疎行列
1024×1024 SparseMatrixCSC{Float64,Int64} with 0 stored entries

julia> Base.summarysize(M) / Base.summarysize(zeros(size(M)))  # メモリサイズ比
0.0009965849085573743
```

疎ベクトルと疎行列で注意しなければいけないのは，非ゼロ成分が増えるごとにメモリ使用量が増えるということである。非ゼロ成分があまりにも多いと，密な配列よりメモリを消費することさえある。仮にすべての要素が非ゼロであれば，密なベクトルや行列と比べて 2 倍程度のメモリを消費する。また，非ゼロ成分の割合が高くなると計算の効率にも悪影響を及ぼすので，疎ベクトルや疎行列を使う際には，非ゼロ成分の割合が十分に少ないことをあらかじめ確認しなければならない。

4.4 コンパイラへのヒント

前節までに紹介した型の不確実性をなくすコードとメモリ割当てを減らすコードの書き方は，Julia で高速なプログラムを書く基本であるが，Julia にはそれ以外の高速化を可能にする機能が用意されている。本節では，そうした高速化手法のうち，プログラマが Julia のコンパイラに高速化のためのヒントを提示する手法を紹介する。

4.4.1 境界チェックの省略

Julia では添字を使って配列の要素を参照する際，その添字が配列の適切な範囲内に収まっていることを毎回チェックする。もし配列の範囲外の要素を参照しようとすると，`BoundsError` 例外が発生する。例えば，3 要素が収められた配列 `x` の `x[0]` や `x[4]` を参照しようとすると，以下のように例外が送出される。

```
julia> x = [1, 2, 3];  # 3 要素の配列

julia> x[4]  # 範囲外の参照
ERROR: BoundsError: attempt to access 3-element Array{Int64,1} at index [4]
```

この機能は，配列の範囲外のメモリ領域を誤って参照しないようにするための安全装置であり，ユーザのプログラムにバグがあってもセグメンテーション違反などの深刻な問題は発生しない。しかしながら，配列の参照のたびに範囲をチェックするのは無視できないコストがかかる。プログラマが，添字が必ず適切な範囲に収まっていることを確証できる場合には，コンパイラにヒントを与えて無駄な境界チェックを省くこともできる。

`@inbounds` マクロはそのようなヒントを与えるマクロである。`@inbounds` マクロを付けられた式は，配列要素の参照で境界チェックを省略する。例えば `@inbounds x = xs[i]` と書かれていたら，`i` が `firstindex(xs) ≤ i` と `i ≤ lastindex(xs)` を満たすことを仮定して境界チェックを省く。挿入ソートの例

では，つぎのように while 文に付けることもできる。

```
function isort!(xs)
    for i in 2:length(xs)
        j = i
        @inbounds while j > 1 && xs[j-1] > xs[j]
            xs[j-1], xs[j] = xs[j], xs[j-1]
            j -= 1
        end
    end
    return xs
end
```

境界チェックを省くことでどの程度高速化するかは状況によるので確認が必要である。多くの場合，@inbounds マクロによる高速化は，プログラムのホットスポットであってもせいぜい 20～30%ほどであろう。もちろんボトルネックになっていない部分に @inbounds マクロを付けても観測できるほどの効果は現れない。

@inbounds マクロを使う際には，細心の注意が必要である。なぜなら，@inbounds マクロが適用された式では，誤って範囲外の領域にアクセスしようとした場合でも BoundsError などの例外は投げられないからである。配列が確保したメモリ領域以外の場所にアクセスした場合，セグメンテーション違反でプロセスが異常終了することもあるが，範囲外から無意味な値を読み込んで計算が問題なく行われたかのように見えることもある。こうした問題は発見が難しいため，過度な @inbounds マクロの使用は避けるべきである。また，ユーザから渡された値などを扱う場所では，何らかの方法で範囲外のアクセスが起こらないと保証できない限り，@inbounds マクロは使用してはいけない。

4.4.2　浮動小数点数演算の高速化

浮動小数点数は，数学的な実数を計算機で近似的に扱うための数値である。Julia の浮動小数点数の計算は，浮動小数点計算の標準規格である IEEE 754 に従って実装されているが，Julia の @fastmath マクロを使うと，この規格に従わないコードの最適化をコンパイラに許可する。これにより，コンパイラは浮動小数点数があたかも実数であるかのように計算順序の入れ替えなどを行って，より効率よく計算できるコードに書き換えることができるようになる。例えば，IEEE 754 では NaN や Inf といった通常の実数には存在しない値を表現する特別な値が定義されているが，`@fastmath` マクロの内側のコードではこれらが存在しないものとして最適化を行うことがある。

簡単な関数で `@fastmath` マクロの影響を見てみよう。つぎの一次関数 `f(x)` と `fastf(x)` の定義は，`@fastmath` の有無以外は同じ式である。

```
julia> f(x) = 2x / 3
f (generic function with 1 method)

julia> fastf(x) = @fastmath 2x / 3
fastf (generic function with 1 method)
```

これら二つの関数をある値で評価してみると，結果が完全には一致しない。

```
julia> x = nextfloat(1.0)  # 1.0 より大きな最小の浮動小数点数
1.0000000000000002

julia> f(x) == fastf(x)  # x によっては計算結果が一致しないことがある
false
```

さらに，以下の `@code_llvm` マクロで LLVM の出力を見てみると，`f(x)` はコードに書かれたとおりに `x` と `2` の積（`fmul`）を計算後，`3` で割っている（`fdiv`）のに対し，`fastf(x)` は `x` とある値の積のみを計算しているのがわかる。

```
julia> @code_llvm debuginfo=:none f(x)

define double @julia_f_12180(double) {
top:
  %1 = fmul double %0, 2.000000e+00
  %2 = fdiv double %1, 3.000000e+00
  ret double %2
}

julia> @code_llvm debuginfo=:none fastf(x)

define double @julia_fastf_12181(double) {
top:
  %1 = fmul fast double %0, 0x3FE5555555555555
```

```
  ret double %1
}
```

fastf(x) の x に掛かっているこの値は，バイナリ表記されているためわかりにくいが，じつは 2 / 3 の計算結果と同じ値である。このことは，Float64 型の値をビット列を変えずに UInt64 型に変換する reinterpret(UInt64, 2 / 3) の結果を見ればわかる。つまり，fastf(x) の中では，2x / 3 というコードを x * (2 / 3) のように計算順序を入れ替えたうえ，2 / 3 をコンパイル時に前もって計算しておく最適化を行っている。この結果，LLVM 上では f(x) に比べて演算回数が少なくなっている。しかしながら，前述のように，f(x) と fastf(x) の計算結果は必ずしも一致しないことに注意が必要である。

@fastmath マクロは，関数の動作を大きく変えることがあるので注意が必要である。例えば，log 関数は負の浮動小数点数が引数として渡されると DomainError という例外を送出するが，@fastmath マクロを使うと，つぎのように例外が発生しない。

```
julia> x = [4.3, 10.1, -1.2];

julia> log.(x)
ERROR: DomainError with -1.2:
log will only return a complex result if called with a complex argument. Try log(Complex(x)).

julia> @fastmath log.(x)
3-element Array{Float64,1}:
   1.4586150226995167
   2.312535423847214
 NaN
```

精度が重要な計算で @fastmath マクロを使う場合には，どのような副作用があるかをよく考えてから使わなければならない。

4.4.3 関数のインライン化

Julia の関数呼出しは，実行前に型推論でどのメソッドを呼び出すか決定できれば高速である。しかしながら，関数内部の計算が非常に軽い場合などは，関数を呼び出すときにかかるコストが無視できないほどプログラムのパフォーマンスに影響することがある。また，関数内部の計算を知ることで，コンパイラは呼出し側でさらなる最適化を行えることもある。そのような場合，関数内部のコードを呼出し側に展開するインライン化を行うと，パフォーマンスが改善されることがある。

Juliaのコンパイラは，インライン化をすべき関数かどうかを自動で判定し，有利だと判断すればインライン化する。したがって，プログラマがインライン化を意識する必要はあまりないが，コンパイラがインライン化する必要はないと判断した場合であっても，プログラマが積極的にインライン化すべきとヒントを与えることができる。@inline マクロは，関数定義の際にある関数がインライン化すべき関数であるというヒントをコンパイラに与えるマクロである。

つぎの例では引数に 1 を加える関数 f(x) に対し，インライン化を行うようコンパイラにヒントを与えている。関数 f(x) を呼び出す別の関数 g(x) は，さらに 3 を加えている。ここでも @code_llvm マクロで g(1) がLLVMでどのように表現されるかを見てみると，引数に 4 を加える（add）処理になっている。これは，f(x) を呼出し側の g(x) の内部に展開した結果，g(x) = (x + 1) + 3 となり，さらに 1 + 3 を加える処理が最適化により 4 を加える処理になったためである。

```
julia> @inline f(x) = x + 1
f (generic function with 1 method)

julia> g(x) = f(x) + 3
g (generic function with 1 method)

julia> @code_llvm g(1)
define i64 @julia_g_34599(i64) {
top:
  %1 = add i64 %0, 4
  ret i64 %1
}
```

なお，ここでは使い方の説明のために @inline マクロを明示的に使用したが，関数 f(x) は十分小さいため，@inline マクロのヒントがなくてもコンパイラが自動的にインライン化したであろう。

関数のインライン化をすると，関数内部のコピーが呼出しごとに作られるため，よほどインライン化される関数が小さくない限り，生成されるプログラムのサイズは大きくなる傾向にあるので注意が必要である。また，再帰関数など，関数によってはインライン化できないこともある。なお，Julia には関数のインライン化をしないようにする `@noinline` というマクロも用意されている。

4.4.4 `@simd` マクロによる並列処理

現代の CPU には，高速化のため，一つの命令で複数の値を処理するような命令が実装されていることが多い。このような命令は，SIMD（single instruction multiple data）命令と呼ばれ，例えば x86-64 には数個の数値の組を一度に足し合わせる命令などが実装されている。

Julia の `@simd` マクロは，与えられた `for` 文の中で SIMD 命令を使った最適化をすることをコンパイラに許可する。これにより，実行速度が大きく向上する可能性がある。しかしながら，`@simd` マクロは，最も内側の `for` 文にしか適用できず，`for` 文の内部に `break` や `continue` などの `for` 文の動作を中断したりするような走査がある場合には適用できない。

このマクロは実験的機能であり，将来の Julia から削除される可能性があることに注意が必要である。また，簡単な場合には LLVM が自動的に SIMD 命令を使ったコードに最適化することもあるため，実際に効果があるかどうかを実測すべきである。

索　　引

—— 著 者 略 歴 ——

進藤　裕之（しんどう　ひろゆき）

2007年　早稲田大学先進理工学部電気・情報生命工学科卒業
2009年　早稲田大学大学院先進理工学研究科修士課程修了（電気・情報生命専攻）
2009年　NTT コミュニケーション科学基礎研究所研究員
2013年　奈良先端科学技術大学院大学情報科学研究科博士後期課程修了（自然言語処理学専攻），博士（工学）
2014年　奈良先端科学技術大学院大学助教
2019年　MatBrain 株式会社代表取締役（兼任）
2021年　奈良先端科学技術大学院大学特任准教授
現在に至る

佐藤　建太（さとう　けんた）

2014年　東京大学農学部生命化学・工学専修卒業
2016年　東京大学大学院農学生命科学研究科修士課程修了（農学専攻）
2019年　東京大学大学院農学生命科学研究科博士課程単位取得退学
2019年　理化学研究所生命機能科学研究センター勤務
現在に至る

1 から始める Julia プログラミング
Learn Julia Programming from Scratch

2020 年 4 月 17 日　初版第 1 刷発行
2022 年 1 月 25 日　初版第 5 刷発行

検印省略

著　者　進藤　裕之
　　　　佐藤　建太
発行者　株式会社　コロナ社
　　　　代表者　牛来真也
印刷所　三美印刷株式会社
製本所　有限会社　愛千製本所

112–0011　東京都文京区千石 4–46–10
発 行 所　株式会社　コ ロ ナ 社
CORONA PUBLISHING CO., LTD.
Tokyo Japan
振替 00140–8–14844・電話(03)3941–3131(代)
ホームページ　https://www.coronasha.co.jp

ISBN 978–4–339–02905–5　C3055　Printed in Japan　（齋藤）